LA HISTORIA DE LA TECNOLOGÍA

EL HOMBRE CREA SU MUNDO

Luca Fraioli

Ilustraciones de: G. Bacchin - G. Gaudenzi
I. Stalio

EDITEX

DoGi

Es una realización de DoGi spa, Florencia, Italia.

Título original:
La storia della tecnologia
Textos: Luca Fraioli
Ilustraciones: G. Bacchin, G. Gaudenzi, I. Stalio
Editor: Andrea Bachini
Proyecto gráfico: Sebastiano Ranchetti
Maquetación: Sebastiano Ranchetti, Antonio Tucci

Traducción: Cálamo & Cran

Rafael Calvo, 18. 28010 - Madrid
I.S.B.N.: 84 - 7131 - 902 - 0
Número de Código Editex: 9020
Impreso en Italia - Printed in Italy

Sumario

Gran civilización, escasa técnica

Hace dos millones y medio de años, en África, un homínido astillaba un guijarro para afilarlo: nacía el primer utensilio. Hace diez mil años que se producía el gran cambio con la revolución neolítica: la conquista de la agricultura y de la ganadería.

Poco a poco el antepasado del hombre se alzó sobre las extremidades inferiores y comenzó a caminar. La posición erguida ha producido otros cambios importantísimos: la disposición del cráneo sobre la columna vertebral, el perfil del rostro, el desarrollo del cerebro y la formación del lenguaje articulado. Sin embargo, el desarrollo de tecnologías cada vez más refinadas no habría sido posible si todo esto no se hubiera acompañado de la evolución de la mano.

Desde que la posición erecta la liberó de sostener el peso del cuerpo para movernos por el suelo, nuestra mano comenzó la larga evolución que le permitió sostener grandes pesos y llevar a cabo las más finas manipulaciones. Casi todo lo que sabemos de los primeros hombres nos viene del estudio de sus primeros utensilios: las piedras talladas. Mientras que los objetos de madera, de piel y casi todos los instrumentos de hueso han desaparecido, millones de piezas de piedra nos permiten reconstruir la lenta evolución del hombre.

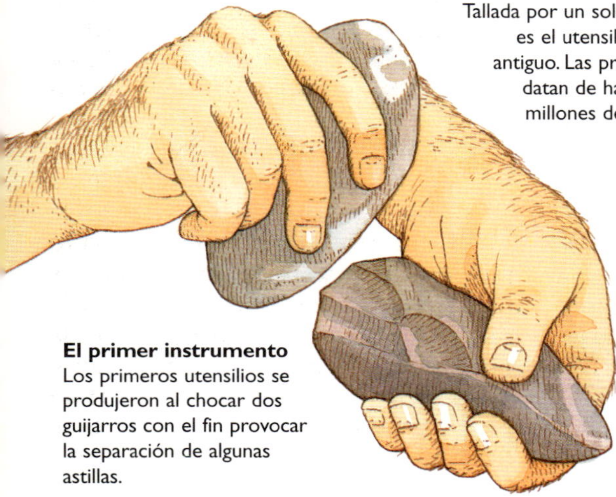

El primer instrumento
Los primeros utensilios se produjeron al chocar dos guijarros con el fin provocar la separación de algunas astillas.

La lasca
Tallada por un solo lado, es el utensilio más antiguo. Las primeras datan de hace 2,5 millones de años.

Hojas de piedra
Servían para afilar bastones, romper huesos y separar las pieles de los animales cazados.

La punta de lanza
Es un utensilio más evolucionado: afilado y esculpido por ambos lados. Su perfil aerodinámico hace pensar que sirviese como arma arrojadiza.

En el transcurso de dos millones y medio de años, se pasa de los cantos apenas trabajados a las pequeñas puntas de flecha obtenidas del sílice. Muchas centenas de millones de años separan a la lasca del útil de dos caras llamado punta de lanza.

Pero, ¿cuál fue el primer homínido que tuvo un cerebro lo suficientemente complejo como para comprender y construir instrumentos de piedra? Los paleoantropólogos, precisamente para subrayar su habilidad, lo han llamado *Homo habilis*.

El *Homo habilis* hizo su aparición en África hace dos millones y medio de años. Allí donde vivió se han encontrado cantos astillados de tal modo que se obtenía un borde cortante que podía servir, por ejemplo, para hacer incisiones en la piel de un animal muerto con el fin de comérselo. La primera invención del hombre tuvo, por lo tanto, un inmediato efecto práctico: el aumento del consumo de carne animal por parte del *Homo habilis*.

Homo erectus y *Homo sapiens*

Con todo, es el *Homo erectus* el protagonista de los primeros pasos de la historia de la tecnología. Sus restos fósiles tienen una edad comprendida entre un millón y medio y doscientos mil años y se han encontrado en África, Asia y Europa; se puede decir que el *Homo erectus* dominó el mundo durante más de un millón de años. Los secretos de su éxito fueron la posición erecta al caminar, un cerebro mucho más desarrollado que el de sus predecesores y una mayor aptitud para la realización de nuevos instrumentos cada vez más sofisticados y originales. Además, hay que recordar que fue el propio *Homo erectus* el que, aproximadamente hace un millón de años, comenzó a

El gran vegetariano
El *Australopithecus robustus* se alimentaba de raíces y semillas. Vivió hace más de dos millones y medio de años.

El fundador de la estirpe
El *Australopithecus africanus* vivió hace cerca de tres millones de años.

El inventor
El *Homo habilis*, el primero en fabricar instrumentos de piedra, apareció hace cerca de dos millones y medio de años.

El viajero
El *Homo erectus*, apareció hace un millón y medio de años y controló el fuego.

Un primo extinto
El Hombre de Neandertal vivió hace 300 000 años y produjo utensilios elaborados.

EVOLUCIÓN Y TECNOLOGÍA
Desde que ha aparecido, el hombre ha permanecido el 95 % del tiempo cazando. Y durante bastante tiempo los instrumentos tenían un solo fin: facilitar la captura y muerte de la presa.

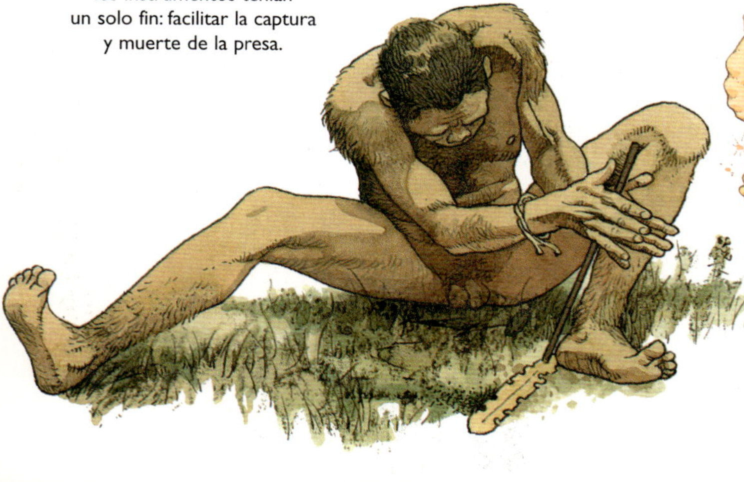

El fuego
Dentro de los primeros sistemas utilizados para encender el fuego se encuentran: chocar una piedra contra un trozo de pirita o frotar dos pedazos de madera seca.

controlar el fuego, que pasó de ser una fuente de peligro a ser un instrumento de defensa frente a los animales y el frío.
Nosotros, obviando al *Homo sapiens*, somos los descendientes directos del *Homo erectus*. Los fósiles más antiguos relativos al *Homo sapiens* se remontan a hace cerca de 130 000 años y han sido hallados en África, continente desde el cual es ahora ya seguro que el *Homo sapiens* se extendió hacia gran parte de las tierras emergidas para colonizarlas.

El período comprendido entre hace 37 000 y 10 000 años estuvo caracterizado por la construcción de muchos instrumentos, armas de caza y ornamentos, gracias a innovaciones como la incisión y la elaboración de objetos en hueso, fundamentalmente para realizar finas puntas de lanza. Las técnicas de elaboración de la piedra se hicieron muy refinadas, tanto que permitían al *Homo sapiens* producir cuchillas tan pequeñas como una hoja de laurel. Y mientras los trabajos de manufacturas en sílice tenían

El antepasado directo
Hace cerca de 130 000 años el *Homo sapiens* hizo su aparición en África.

Instrumentos compuestos
Se obtuvieron uniendo mangos de madera a las piedras astilladas.

Los alimentos
Eran cocinados directamente sobre el fuego o en agua caliente gracias a piedras candentes.

LOS PRIMEROS ASENTAMIENTOS
Surgieron cercanos a cursos de agua, indispensable para la agricultura y la ganadería. Las aldeas estaban formadas por una o más cabañas, normalmente elevadas a una cierta altura sobre el terreno para evitar las inundaciones.

La empalizada
Circunda y defiende las viviendas de enemigos y animales. El perro fue el primer animal adoptado por el hombre, en Mesopotamia, entre el 10000 y el 9000 a.C.

El arado
Fue un sistema ideado para remover el terreno y facilitar el cultivo.

sólo un fin práctico, los objetos de hueso o de cuerno revelan las características de verdaderas obras de arte.

La fase histórica que va desde la aparición del *Homo habilis* hasta la expansión del *Homo sapiens* se denomina «de piedra antigua» o Paleolítico. Durante ella la piedra constituyó para el hombre el principal material para la realización de instrumentos y utensilios. Los primeros instrumentos servían para matar a las presas y cortarles la carne y la piel. Eran, por lo tanto, utensilios de la comunidad, cuya supervivencia estaba ligada a la habilidad para la caza o a la posibilidad de encontrar en el camino animales ya muertos y frutos comestibles: un tipo de vida que condicionaba, además de la dieta, la organización social. Las comunidades de cazadores-recolectores muchas veces tenían escasez de alimentos y vivían

El tejado
Está hecho a dos aguas construidas con paja o juncos.

Las primeras barcas
En un primer momento se aprende a navegar a horcajadas sobre un tronco y después a horadar un hueco para transportar objetos.

Las fosas
De ellas se obtenía arcilla y luego servían para depositar las basuras, muy útiles para los arqueólogos en la reconstrucción de los hábitos de los antiguos habitantes.

Las primeras cabañas
Son palafitos, es decir, están sujetas por grandes palos fijados en el terreno. Las paredes están hechas con ramas entrelazadas y unidas mediante paja y arcilla.

La primera despensa
Los cereales y legumbres que se recolectaban eran conservados en agujeros excavados en la roca.

constantemente amenazadas por la carestía. Estaban obligados a conseguir comida y cada individuo del grupo debía dedicar todas sus energías a la búsqueda de los alimentos; por eso la primera comunidad de *Sapiens* era nómada y en su organización interna no había ninguna diversificación en el trabajo. Ninguno hubiera sobrevivido de haberse dedicado a una ocupación que no fuese la caza como, por ejemplo, la realización de

utensilios de piedra para trocarlos por la comida conseguida por sus compañeros.

La revolución neolítica

Hace unos diez mil años llegó a su fin la última glaciación. Los casquetes glaciales se retiraron, el nivel del mar aumentó, el clima se hizo más templado y, en los continentes, la foresta tomó el puesto de la estepa y de la tundra. Se inició entonces un cambio gradual pero que lleva a resultados revolucionarios en los hábitos de vida de los seres humanos. Este fenómeno lleva el nombre de revolución neolítica: los hombres pasaron de ser cazadores y recolectores a ser agricultores y ganaderos. Fue una etapa decisiva para el desarrollo de la humanidad: el hombre que cultivaba un campo o cuidaba a los animales, abandonaba su vida nómada y construía asentamientos estables. Una condición de vida, la de la subsistencia obtenida gracias a la tierra, que caracterizará prácticamente a toda la humanidad hasta la Revolución Industrial, para la cual se necesitará llegar al siglo XVIII, cuando la ciencia y la técnica suministrarán los instrumentos para un posterior y decisivo desarrollo. Aún en la actualidad muchas áreas del mundo basan su economía ex-

LA CIUDAD Y EL CAMPO
Las primeras ciudades surgieron en el IV milenio a.C.: simples aglomeraciones de casas realizadas con ladrillos de arcilla secada al sol y superpuestos sin usar argamasa.

clusivamente en la explotación agrícola, a la vez que persisten áreas marginales, como las de los aborígenes australianos o los esquimales, que aún viven de la caza y la recolección. ¿Por qué el hombre, en un determinado momento, se ha hecho ganadero y agricultor? ¿Por qué ha decidido asentarse para fundar aldeas? El clima más cálido y más húmedo ha favorecido nuevos cultivos. La llamada «medialuna fértil» —un área mediterránea que va desde el desierto de Siria a la llanura mesopotámica entre los ríos Tigris y Éufrates llegando hasta el Golfo Pérsico— se ha poblado de plantas fértiles y animales domesticables.

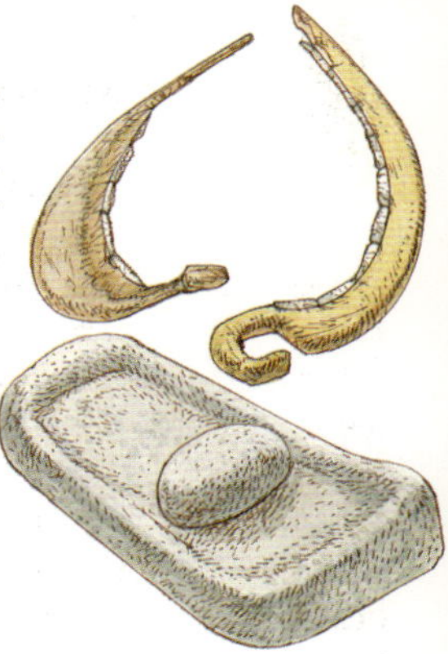

Las herramientas
Guadañas para la siega y un mortero para machacar el grano.

El arado
Realizado por completo en madera, excavaba surcos poco profundos y no se podía utilizar en terrenos duros.

Las canastas
Fue uno de los primeros recipientes inventados.
Y, con su entrelazado de paja y juncos, una de las primeras formas de urdimbre.

LA ARTESANÍA DOMÉSTICA
Abandonada la vida de cazadores-recolectores, hombres y mujeres tuvieron más tiempo para las actividades no ligadas directamente a la producción del alimento. Por ejemplo, la elaboración de tejidos y la cerámica.

La cocción de las vasijas
Fue una técnica que nació, tal vez, observando el endurecimiento del barro cercano a focos de calor. En hornos hechos con este fin, los gases calientes provenientes del fuego endurecían los recipientes de arcilla.

Los telares
La rueca y el telar permitieron realizar los primeros tejidos.

Rollos de arcilla
Montados en espiral permitían fabricar vasijas muy simples.

Otras áreas —como el valle del Indo y la región china del río Amarillo— han ofrecido las mismas ventajas. Es un hecho que en la época del Neolítico, casi de forma coetánea en diversas zonas del planeta, se sembraron plantas y se domesticaron animales para obtener leche, sangre, carne o pieles. Nuevos instrumentos, obtenidos gracias a piedras pulidas (Neolítico significa precisamente «edad de la piedra nueva»), entre los cuales se encuentran los rudimentarios primeros arados, permitieron roturar de un modo más eficaz los terrenos y, así, obtener un excedente de alimentos.

El nacimiento de la artesanía

Desde el Oriente Próximo el Neolítico se difundió por la Europa meridional. La agricultura progresó lentamente hacia el Noroeste y hacia el Mediterráneo occidental. El excedente alimenticio permitió un sensible aumento de la población: en torno al 3000 a.C. los hombres empezaron a preocuparse por encontrar soluciones eficaces, a construir casas acogedoras y sólidas y las ciudades empezaron a ser habitadas no sólo por los agricultores sino también por sacerdotes, administradores, empleados y artesanos: esto es lo que los historiadores llaman la revolución urbana.
En aquellas primeras ciudades se desarrollaron actividades artesanales como la molienda del grano, la cocción de arcilla, el tejido, el hilado y teñido de los tejidos, la destilación. Algunas de estas técnicas fueron el fruto de continuas tentativas, otras surgieron casi por casualidad, como la elaboración de las vajillas de barro.

Las minas
Surgieron para aprovechar también la parte subterránea de los filones de minerales que afloraban en la superficie.

La fundición
Con un fuelle hecho de piel se bombeaba aire para elevar la temperatura de los hornos.

Probablemente se conocían formas de elaborar tejidos antes del Neolítico pero las pruebas seguras de su fabricación se remontan al 5000 a.C. cuando las mujeres, que comenzaban a tener una mayor disposición de tiempo, empezaron a aplicar sus conocimientos de confección y de entrelazado de hilos a la preparación de cestas y esteras. Mientras que las cestas no sufrieron grandes modificaciones, los tejidos hicieron continuos progresos hasta que se ideó el telar. Un esfuerzo creativo comprensible si se piensa en el valor decorativo de los tejidos y en sus múltiples usos.

Coincidiendo con el asentamiento de estas nuevas actividades, los estilos de vida de los habitantes de las primeras ciudades cambiaron, mejorados por la disponibilidad de vestimenta, vajillas y nuevos utensilios; por otro lado la disponibilidad de bienes no sólo alimenticios estimuló enormemente las relaciones comerciales entre diversas comunidades, como lo confirman los

La primera industria
Extraer los metales, transportarlos y trabajarlos no permitía dedicarse a los trabajos agrícolas. Así nacieron los primeros trabajadores especializados en una actividad de tipo industrial.

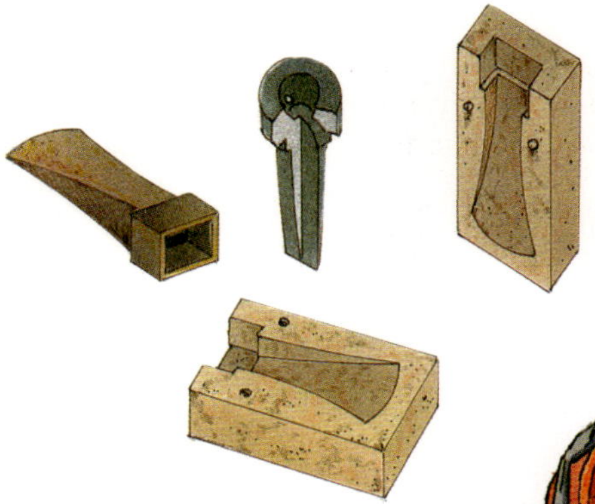

La colada
Para obtener la forma deseada el metal era colado en moldes de piedra.

testimonios arqueológicos relativos a la última parte del Neolítico.

La elaboración de los metales

En torno al 4000 a.C. los hombres aprendieron a extraer y a trabajar los metales que contenía el subsuelo para fabricar utensilios y armas. Fue una innovación sin precedentes: una piedra astillada puede ser aún más cortante que una hoja de metal pero el metal dura más tiempo, puede ser afilado más veces y, sobre todo, puede moldearse en la forma deseada. El primer metal en ser trabajado fue el cobre: en Egipto han sido encontradas minas de cobre donde las extracciones comenzaron hace unos 6 000 años. Quedó muy pronto claro que, a pesar de las ventajas que ofrecía frente a los utensilios de piedra o madera, el cobre era un metal demasiado delicado para poder realizar cuchillas eficientes: los primeros herreros empezaron entonces a fundir el cobre con otros metales para conseguir una aleación más resistente. Se difundieron así varios tipos de bronce, algunos

que contenían, además de cobre, plomo o arsénico. Pero el bronce que alcanzó un mayor éxito por sus características fue el obtenido fundiendo diez partes de cobre con una de estaño. La elaboración del hierro, que se puede datar entre el 3500 y el 3000 a.C., fue un evento de máxima importancia, más por la producción de utensilios que por la de armas: el hierro se reveló, de hecho, ideal para la realización de tenazas, sierras y yunques.

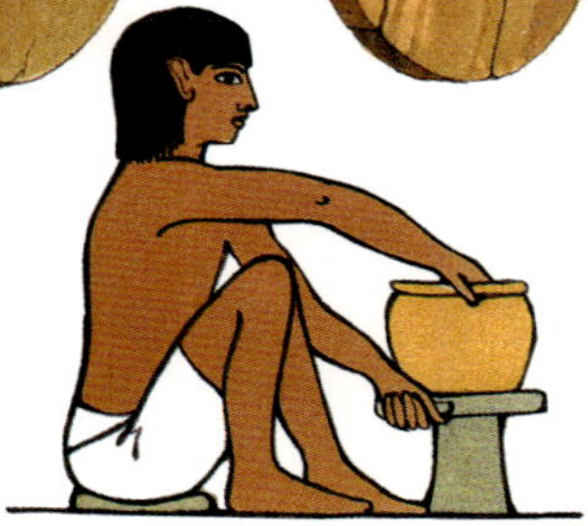

El torno
El movimiento rotatorio fue aprovechado también para forjar más rápidamente las vasijas de arcilla. El uso de la rueda en la producción de vajillas se difundió a partir del 3500 a.C.

La rueda

Entre las innovaciones hasta el momento encontradas hay una ausencia sorprendente: la rueda. Nuestros antepasados prehistóricos aprendieron bastante rápido a tallar la piedra, a controlar el fuego, a extraer los metales, a cultivar plantas y cuidar animales; pero comprendieron sólo hace, aproximadamente, 6 000 años la importancia y la utilidad del movimiento rotatorio. Actualmente la rueda nos parece un objeto banal pero su descubrimiento y sus primeras aplicaciones de hecho no lo fueron; tanto es así que la primera rueda de alfarero apareció en Mesopotamia entre el 3500 y el 3000 a.C. mientras para la aparición del primer carro se debe esperar aún un millar de años más. Seguramente, los primeros en trasladarse en vehículos dotados de ruedas fueron los soldados de los sumerios, el antiguo pueblo que habitaba Mesopotamia.
La llegada de la rueda revolucionó el sistema de combatir y, obviamente, el sistema de transportes. Hasta ese momento el único medio de transporte por

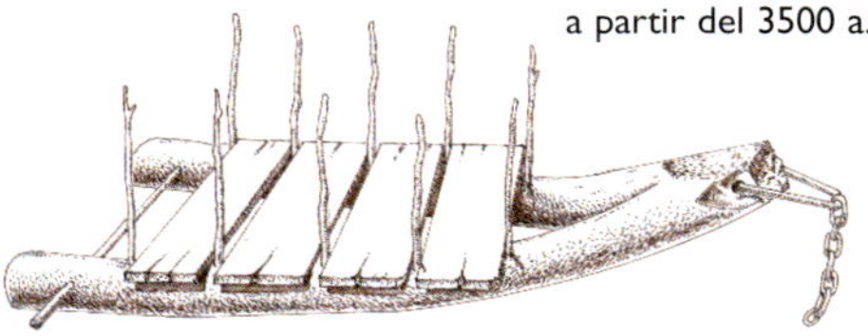

El trineo
Fue el medio de transporte más usado antes del carro. Era usado en la nieve, en las estepas y en los desiertos arenosos.

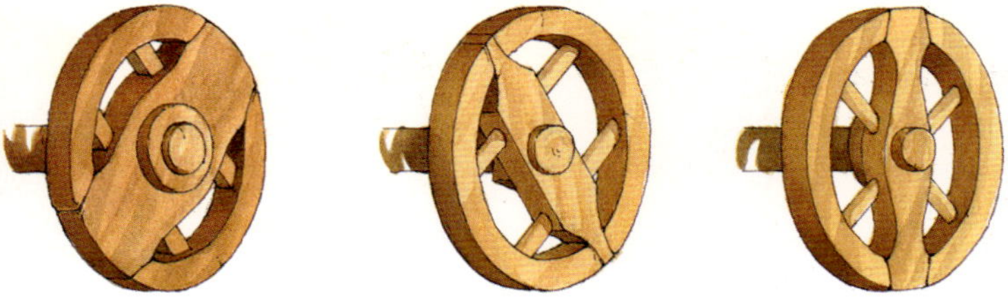

La evolución de la rueda
Las primeras eran discos enteros de madera. Posteriormente se aligeraron hasta la introducción de los radios.

La carpintería
Hachas, sierras, taladros y escoplos egipcios, necesarios para construir embarcaciones y carros.

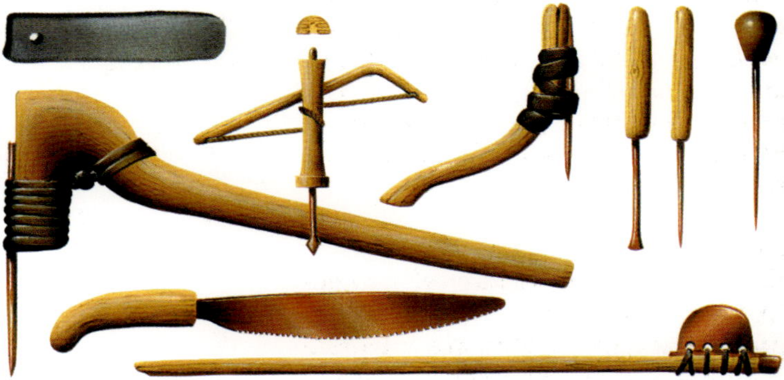

La vela
Los egipcios fueron los primeros en usarla para navegar por el Nilo a contracorriente.

tierra era el trineo tirado por animales: una vez inventada la rueda, para inventar el carro fue suficiente montar un trineo sobre dos parejas de ruedas. De todas formas, los vehículos sobre ruedas, símbolo de prestigio y de poder, permanecieron en manos de unos pocos, tanto es así que algunos carros fueron hallados sepultados en tumbas reales junto a sus propietarios: ha sido precisamente esta circunstancia la que ha permitido la conservación de ejemplares hasta nuestros días.

Los grandes constructores
Muchas pirámides fueron construidas sin emplear transportes con ruedas. Los grandes bloques de piedra eran arrastrados por planos inclinados de tierra batida.

De la Prehistoria a la Historia

Con la creciente satisfacción de las necesidades básicas la humanidad llega a

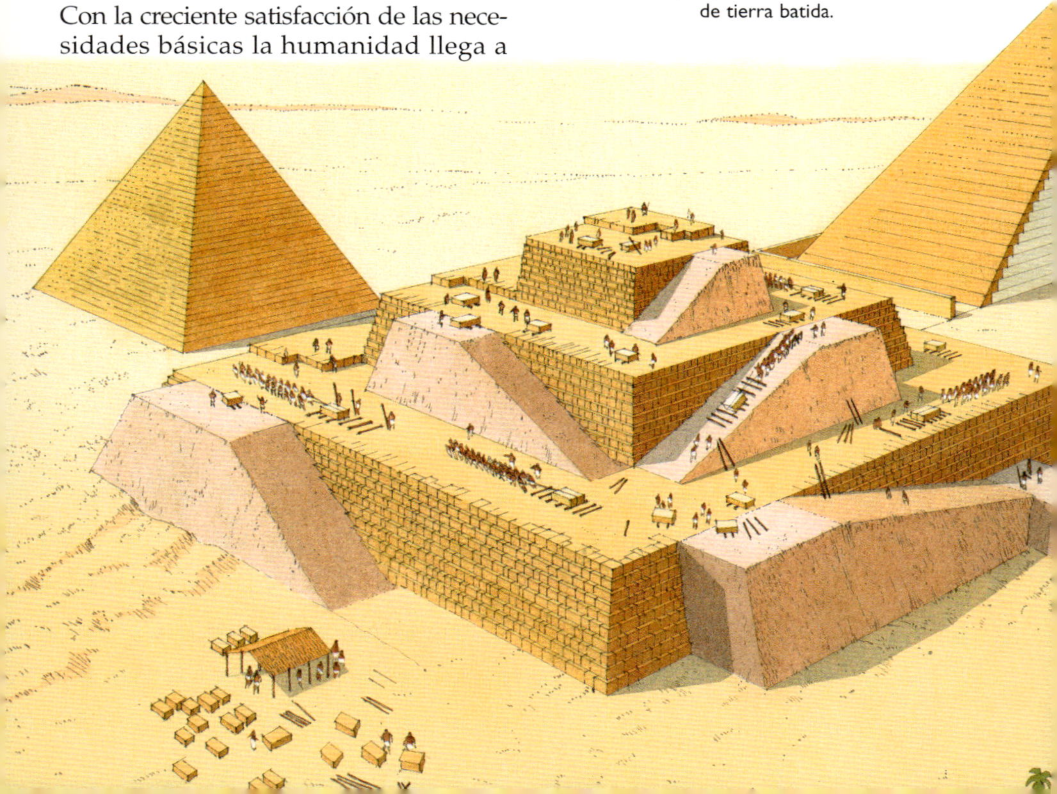

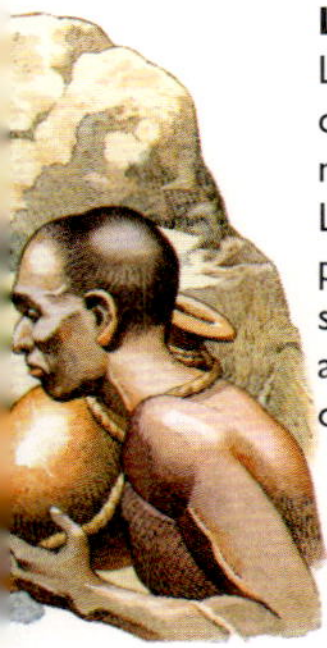

Los bloques
La piedra se cortaba clavando cuñas de madera en el suelo. Las cuñas, posteriormente, se mojaban y, al dilatarse, quebraban la roca.

El Zigurat
Imponentes edificios hechos de ladrillos sin cocer de arcilla y recubiertos de ladrillos cocidos, muy preciados por la escasez de leña para hacer el fuego.

formas más complejas de organización social. Con el desarrollo de la ciencia, en particular de la astronomía, de las formas políticas que culminaron en la formación del Estado y con la creación de un sistema organizado de señales y símbolos, tales como la escritura, la humanidad dejó la Prehistoria y entró en la Historia.

Es precisamente en Mesopotamia donde se asiste al nacimiento del Estado en forma de «ciudad-estado». Las oportunidades proporcionadas por las condiciones ambientales, en particular por los influjos benéficos de los grandes ríos de Mesopotamia y del Nilo en el cercano Egipto, pero también la necesidad de colmar las exigencias de la agricultura de regadío con la disciplina y el trabajo organizado, favorecieron la creación de

La técnica para construir ladrillos
Era una masa de arcilla y paja, escuadrada con un molde de madera y secada al sol.

formas estatales centralizadas y reguladas por mecanismos cada vez más complejos. Después del IV milenio, la sociedad sumeria y la egipcia se enriquecieron con nuevas clases: artesanos, sacerdotes y funcionarios ocupados de administrar los bienes del rey o del faraón. Fueron los sumerios los que dieron una respuesta a la necesidad de un sistema de signos convencionales con los que indicar las entradas y las salidas: nacieron así las primeras formas de escritura, pequeños signos grabados en tablillas de arcilla, un instrumento de tal modo excepcional para la transmisión del saber, que los historiadores ponen exactamente en aquel momento, el paso de la Prehistoria a la propia y verdadera Historia. Pero las grandes civilizaciones del pasado nos han dejado en herencia, sobre todo, sus magníficos e imponentes edificios: sus dimensiones representan la gran novedad en la construcción. En Egipto y Mesopotamia, de hecho, no se utilizaron técnicas de construcción innovadoras, pero las ya conocidas fueron aprovechadas para erigir pirámides y zigurat altos como un edificio actual de diez pisos. Los sumerios, que continuaban usando ladrillos de arcilla secados al sol, tuvieron que concebir paredes maestras a menudo incluso de dos metros y medio y realizar columnas de ladrillos para sostener sus grandes templos. Los egipcios, que tenían a su disposición una óptima piedra para la construcción, construyeron pirámides y templos bajo la dirección de sacerdotes-arquitectos expertos en matemática y también en astronomía: de hecho, la disposición de muchos edificios recuerda a la de algunas constelaciones.

La agricultura egipcia
El comportamiento del Nilo regulaba la agricultura y el calendario. El año estaba dividido en tres estaciones: la inundación (1), la retirada de las aguas (2), el período de sequía (3).

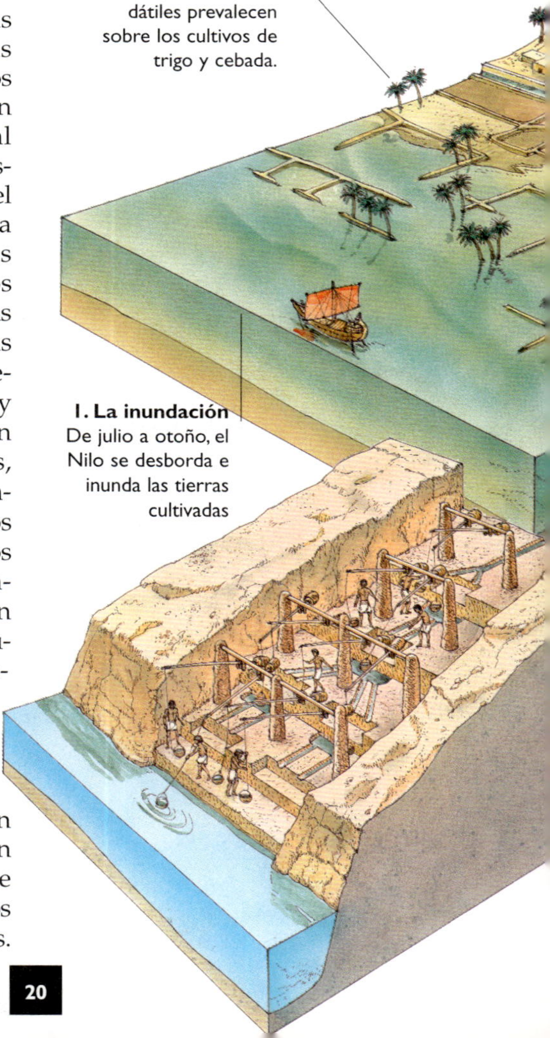

Las aldeas
Son construidas en los altos, a resguardo de las inundaciones.

Las palmeras
Las palmeras de dátiles prevalecen sobre los cultivos de trigo y cebada.

1. La inundación
De julio a otoño, el Nilo se desborda e inunda las tierras cultivadas

Los bloques de piedra eran trabajados por expertos canteros y colocados en su lugar por grupos de campesinos, que quedaban disponibles con la alternancia de estación agrícola. Los egipcios, de hecho, habían realizado uno de los más perfectos sistemas de agricultura de regadío de la antigüedad. En un territorio desértico, por el clima árido e inhóspito, sacaron provecho de las crecidas regulares del Nilo causadas por las lluvias que lo alimentaban en montes de lejanos altiplanos de África oriental. Para controlar, valorizar y hacer constantes los frutos de las inundaciones, los egipcios trabajaron duramente construyendo diques y canales: así se garantizaba el control sobre los caprichos de la naturaleza.

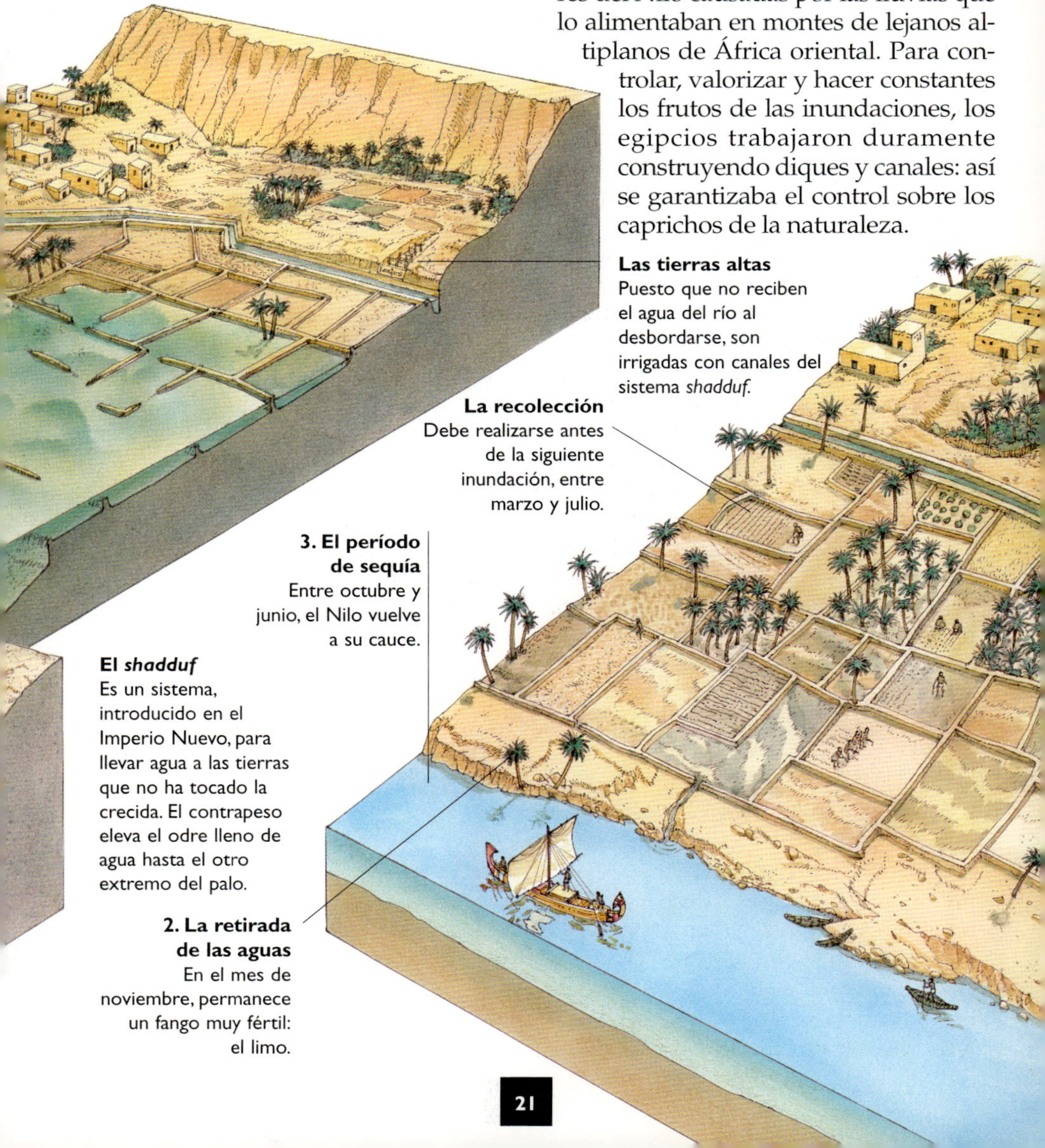

Ciencia prevalece sobre técnica

Griegos y romanos dominaron el mundo durante siglos. Sus culturas han dejado huella en el mundo actual. No lograron éxitos en la tecnología pero fueron geniales arquitectos y hábiles ingenieros, capaces de realizar obras que aún hoy podemos admirar.

El período comprendido entre el s. VIII a.C., aproximadamente cuando nacieron las primeras *polis* (ciudades) griegas, y el s. V a.C., cuando cae el Imperio Romano de Occidente, es denominado «edad clásica». Durante este larguísimo espacio de tiempo se formaron en muchos campos (filosofía, derecho, arte, literatura), algunos fundamentos de lo que se llama la cultura o civilización occidental.

Existe un gran contraste entre los avances de los griegos y los romanos en la religión, la filosofía, en las ciencias políticas e institucionales, en la poesía, en la literatura, en la especulación científica, y la modesta contribución de estos al progreso científico. A excepción de las técnicas militares y de construcción, la antigüedad clásica supo, sobre todo, utilizar ideas e instrumentos ya existentes. ¿Por qué? Algunos historiadores han deter-

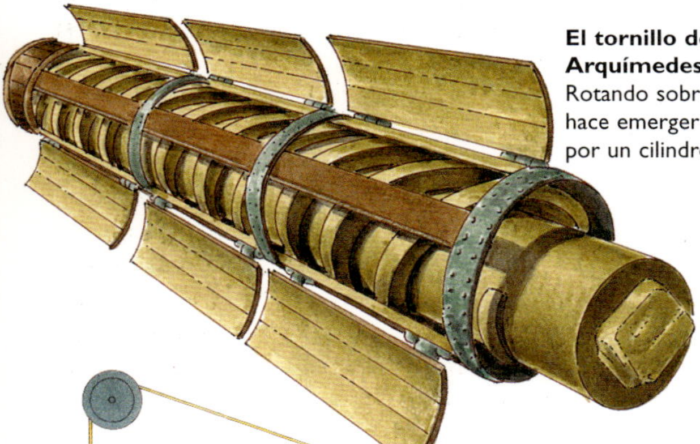

El tornillo de Arquímedes
Rotando sobre sí mismo, hace emerger el agua por un cilindro hueco.

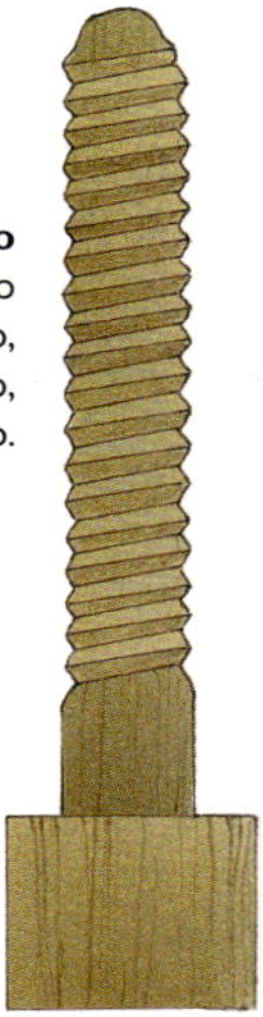

El tornillo
Se basa en el principio del plano inclinado, enrollado en este caso, en un cilindro.

El plano inclinado
Permite levantar pesos con poco esfuerzo, por esto los griegos lo consideraban una máquina.

La palanca
Arquímedes formuló el principio. Una fuerza aplicada lejos del punto de apoyo puede igualar a una fuerza más grande aplicada cerca del punto de apoyo.

El reloj de Ctesibio
Gota a gota se eleva el nivel del agua y, por lo tanto, la manecilla.

minado la esclavitud como la causa del retraso tecnológico del mundo griego y romano: como podían contar con el trabajo a bajo precio de los esclavos, los griegos y romanos no debieron sentir la necesidad de producir innovaciones que facilitasen la tarea de los que araban los campos o los que partían las piedras. Según el escritor latino Lucio Anneo Séneca (que vivió en el s. I después de Cristo), muchas de las innovaciones de su tiempo eran obra de los esclavos, los únicos que se interesaban por cosas prácticas. Una economía agrícola y la garantía del bienestar fundada en el comercio y, en el caso particular de Roma, en el dominio sobre otros pueblos, constituyeron las razones de la escasa «curiosidad» de los hombres del mundo clásico por las innovaciones relacionadas con el trabajo y la producción. Las conquistas prácticas, que favorecieron también el crecimiento de su economía, se concentraron especialmente en el sector de la elaboración y la transmisión de información. Nos referimos a la creación de la moneda, al alfabeto, a la taquigrafía, a la geometría. Cada sociedad mejora sus conocimientos en aquellos sectores que son más importantes para su conservación y desarrollo y, por lo tanto, los romanos, que, como veremos, fueron los que dominaron el más vasto imperio de la antigüedad, fueron muy innovadores en el arte de la guerra y de la ingeniería militar y civil.

La tecnología griega y helenística

Los antepasados de los griegos realizaron una contribución fundamental a la metalurgia del hierro, perfeccionando y difundiendo por todo el Egeo, en torno

Los canteros griegos
Usaban instrumentos de hierro. Su técnica fue imitada durante dos mil años.

Templos de piedra
Eran construidos inspirándose en los edificios de madera, encajando entre ellas vigas de mármol.

al 1400 a.C., la técnica de extracción por fusión, que consistía en separar la roca del metal elevando la temperatura de este último hasta llevarlo al estado líquido y dejando la roca sólida.
Pero fue la más extendida civilización helenística la que reconoció la importancia que tenía cada componente para dar eficacia a las máquinas: la palanca, la cuña, el tornillo y la rueda dentada. Arquímedes, el más famoso de los inventores griegos, (Siracusa 290-211 a.C.), es considerado el creador de muchos de estos instrumentos. Ctesibio (170-117 a.C.) y Herón de Alejandría (aproximadamente del s. I a.C., nacido probablemente en Egipto), construyeron bombas, aparatos a viento e hidráulicos y hasta una rudimental máquina a vapor. Pero sus ideas fueron aplicadas, sobre todo, a máquinas de guerra y maquinaria ingeniosa, destinada más a ser admirada que a ser utilizada en tareas prácticas.

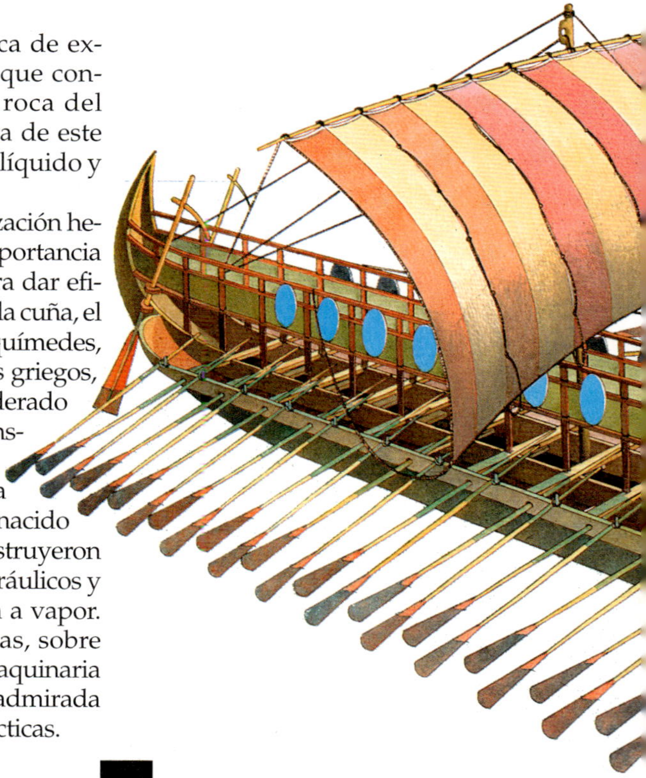

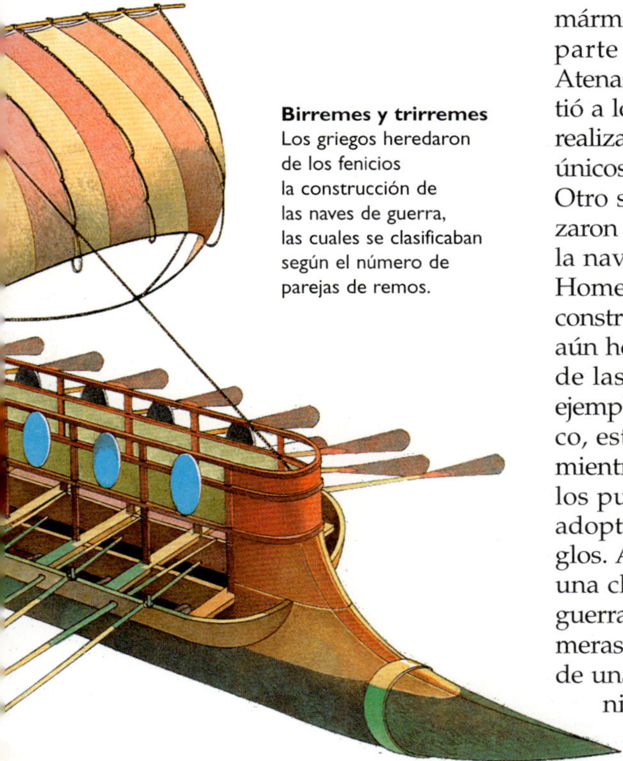

Birremes y trirremes
Los griegos heredaron de los fenicios la construcción de las naves de guerra, las cuales se clasificaban según el número de parejas de remos.

Incluso los grandes templos de la época anterior que aún actualmente podemos admirar no son producto de una innovación tecnológica significativa. Los edificios más antiguos eran construidos con ladrillo sin cocer y se sostenían gracias a una estructura de madera, que difería poco de las de la última fase del Neolítico. Pero Grecia es un país rico en piedras de construcción, tanto que es llamada la «península del mármol». De ahí que el propio mármol se convierta en el material más usado para construir templos y edificios a partir del 500 a.C. La piedra más usada fue el pentélico, extraído de la montaña homónima que surge pocos kilómetros al norte de Atenas. De este mármol están hechos el Partenón y gran parte de los edificios públicos de la Atenas clásica. Su óptima calidad permitió a los arquitectos y escultores griegos realizar decoraciones y refinados trabajos únicos en la historia de la arquitectura.

Otro sector en el que los griegos realizaron una contribución original es el de la navegación. Las naves descritas por Homero en la *Iliada* y la *Odisea* estaban construidas con las mismas técnicas que aún hoy se utilizan para la mayor parte de las embarcaciones de madera: por ejemplo, la quilla, espina dorsal del casco, estaba ya totalmente desarrollada, mientras que los maestros del hacha de los pueblos de la Europa del Norte la adoptarán sólo después de muchos siglos. Además, ya en el s. VI a.C., existía una clara distinción entre las naves de guerra griegas y las mercantiles. Las primeras eran alargadas y ligeras, dotadas de una vela rectangular y de diferentes niveles de remos; los brazos de los marineros facilitaban el impulso a

la embarcación en ausencia de viento o en la navegación a contraviento. Las naves mercantiles eran, sin embargo, panzudas y, al estar desprovistas de remos, se movían sólo si las impulsaba el viento; una elección que se debía exclusivamente a consideraciones de carácter económico: de hecho, los comerciantes no habrían podido sufragar el coste de un equipo de remeros.

Un imperio de ingenieros

Al igual que la civilización griega, la civilización romana apenas produjo innovaciones tecnológicas, todas concentradas en el sector militar y de las obras públicas. Roma creció guerra tras guerra. En el 300 a.C. controlaba la Italia meridional; en el 240 expulsó a los cartagineses de Sicilia y a comienzos del s. II a.C. Roma ya era una gran potencia mediterránea. Los militares romanos inventaron nuevas máquinas de guerra; pero, más a menudo, se limitaron a mejorar las que ya habían introducido los griegos. Fueron maestros insuperables en el arte de la guerra: la disciplina y la organización de las tropas en el campo de batalla fueron sus mejores armas. Sin embargo, el prestigio y la popularidad del Estado romano llegó, sobre todo, a través de la realización de grandiosas obras públi-

LA RED DE CARRETERAS
Fue esencial para el éxito de Roma. Estaba formada por 90 000 kilómetros de carreteras consulares (principales) y 200 000 de carreteras secundarias.

El maderamen
Lo que se necesitó para la realización de las obras fue obtenido abatiendo bosques enteros.

Los mojones
Estaban puestas a los lados de la carretera y señalaban, en millas, la distancia de Roma.

La carretera
Era una superposición de tierra batida, grava y adoquinado de piedra.

cas. En el s. I d.C. las carreteras pavimentadas de Roma, su alcantarillado, sus acueductos, sus sistemas contra incendios hubieran podido competir con los de las capitales europeas del s. XIX. La agricultura y el artesanado, en cambio, dejados a los ciudadanos particulares, hicieron progresos lentos y escasos.

Los túneles
Muchos fueron excavados a mano.

Los puentes
Permitían a las carreteras superar las gargantas de montaña.

Las grúas
Servían para levantar los bloques de piedra.

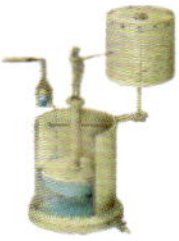

El Imperio Romano controlaba recursos enormes, para cuya explotación se revelaron fundamentales las infraestructuras para el transporte por tierra, necesarias en una época en la que el coste de las mercancías pesadas o voluminosas redoblaba su precio cada 160 kilómetros de recorrido. Fundamental para la realización de estas infraestructuras fue la mejora de viejas técnicas de construcción o la utilización de otras nuevas y de nuevos materiales: la albañilería con cemento armado (arena y grava mezcladas con agua y cemento) era ya conocida en Asia Menor, pero los romanos la perfeccionaron; la argamasa se convierte en algo típico de la edificación romana: la mezcla resultante era impermeable al agua y, por lo tanto, ideal para la construcción de cúpulas y bóvedas en las termas; entre las piedras de construcción más usadas fi-

La argamasa
Era una mixtura de agua, cal y arena. Se endurecía lentamente en contacto con el aire.

Las grúas romanas
Eran palancas muy potentes, capaces de elevar y trasladar con precisión piedras de enormes dimensiones.

El movimiento del brazo
Se obtiene soltando y tirando alternativamente las dos cuerdas laterales.

La inclinación de la grúa
Se regula tirando o soltando esta cuerda.

guran el travertino, una caliza obtenida de yacimientos que se encontraban en los valles del Tíber y el Aniene, y el tufo, un conglomerado de origen volcánico. También los ladrillos de arcilla fueron empleados con éxito: hasta la llegada de Augusto (27 a.C.) se hacían secar al sol; después se comenzaron a cocer en hornos adecuados para este fin. El nacimiento del

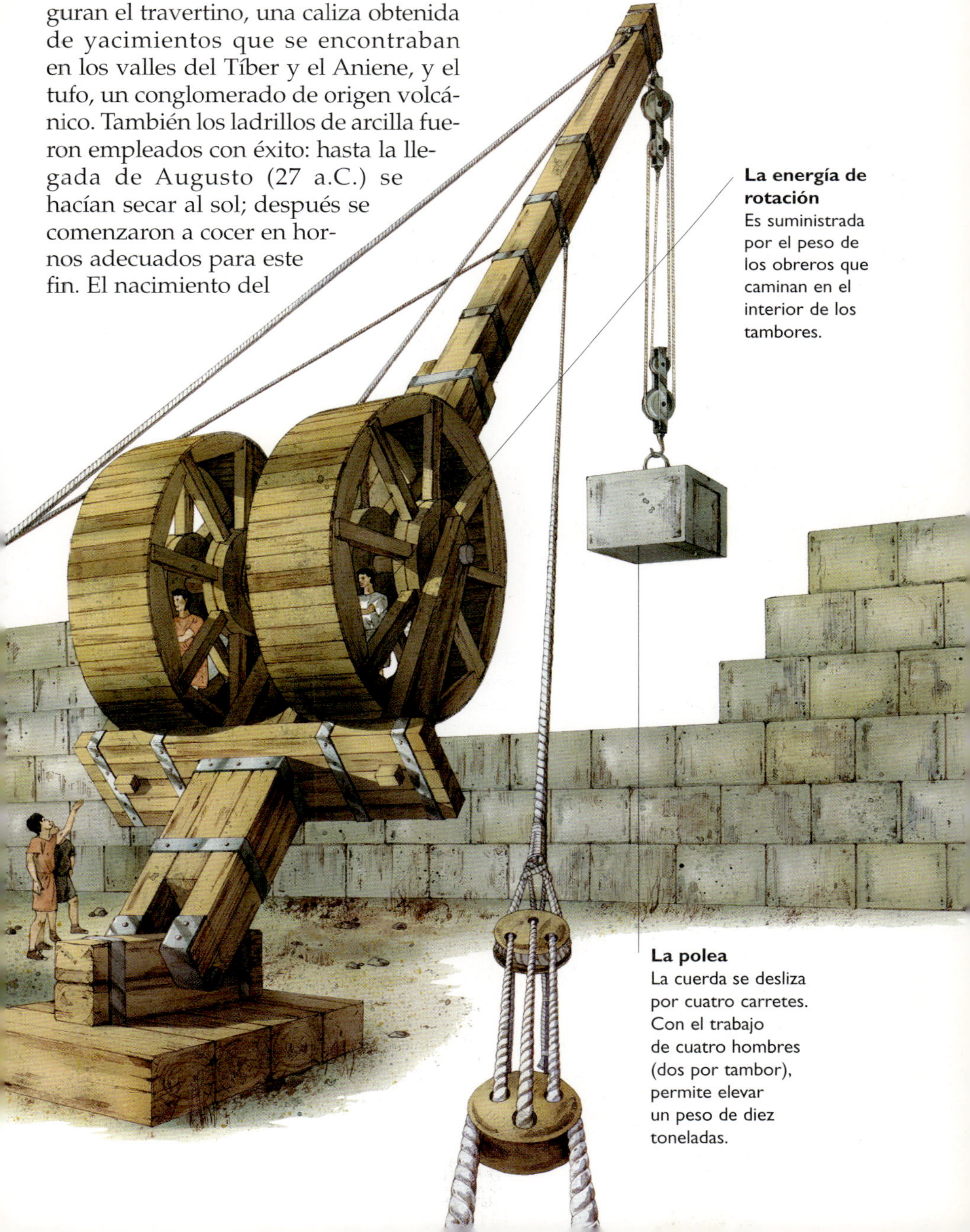

Imperio marcó también el triunfo del uso del mármol.

Se ha escrito que Augusto «encontró Roma de ladrillos y la dejó de mármol». Con este material se construyeron nuevos edificios y también se revistieron los que ya existían, hechos con ladrillos.

El arco

Uno de los elementos arquitectónicos más frecuentes en los edificios romanos y que supieron utilizar con una grandísima habilidad es el arco. Los romanos aprendieron de los etruscos a construir los arcos. Sucesivamente perfeccionaron esta técnica aplicándola a los puentes y a los acueductos y alcanzaron un alto nivel de desarrollo en las evoluciones naturales del arco: la bóveda y la cúpula. Los arquitectos de la antigua Roma comprendieron que alineando uno tras otro un cierto nú-

Arcos y bóvedas
Las bóvedas, en sus variadas formas, no son otra cosa que sucesiones de arcos orientados de diferentes modos.

El Coliseo
El anfiteatro Flavio fue construido en torno al 75 a.C.

mero de arcos se obtendría una bóveda de cañón y que superponiendo dos bóvedas de cañón, una perpendicular a la otra, se obtendría la denominada bóveda de crucería. También la cúpula se puede considerar una derivación del arco: basta imaginar un arco que haga un giro completo sobre sí mismo. Los romanos construyeron cúpulas impor-

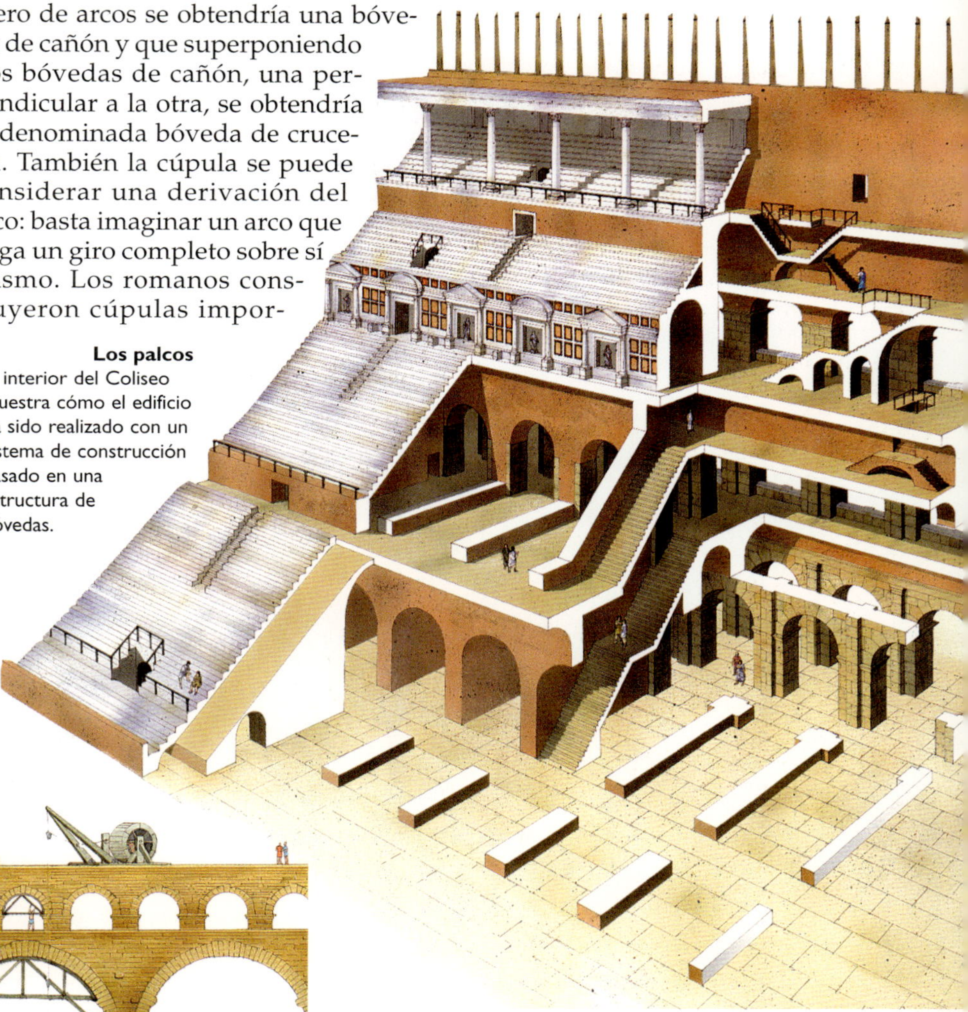

Los palcos
El interior del Coliseo muestra cómo el edificio ha sido realizado con un sistema de construcción basado en una estructura de bóvedas.

Los acueductos
Están entre las más extraordinarias realizaciones arquitectónicas de la civilización romana, es una aplicación práctica del arco en la que el peso se distribuye uniformemente entre todos los ladrillos que la componen. Con un sólo arco de piedra, los romanos lograban cubrir un espacio de veinte metros. La solidez de aquellos arcos era tal que muchos puentes y acueductos están en pie desde hace dos mil años.

tantes: la más célebre es la del Panteón (realizada en torno al 120 d.C.) que tiene un diámetro de 43 metros y 30 centímetros. El primer acueducto, en realidad completamente subterráneo, para conducir agua potable a la ciudad fue construido en el 300 a.C. El enorme acueducto de Claudio, realizado en época imperial, requirió catorce años de trabajo y 40 000 carros cargados con bloques de tufo cada año.

Pero los romanos no abastecieron de agua potable sólo a las capitales del

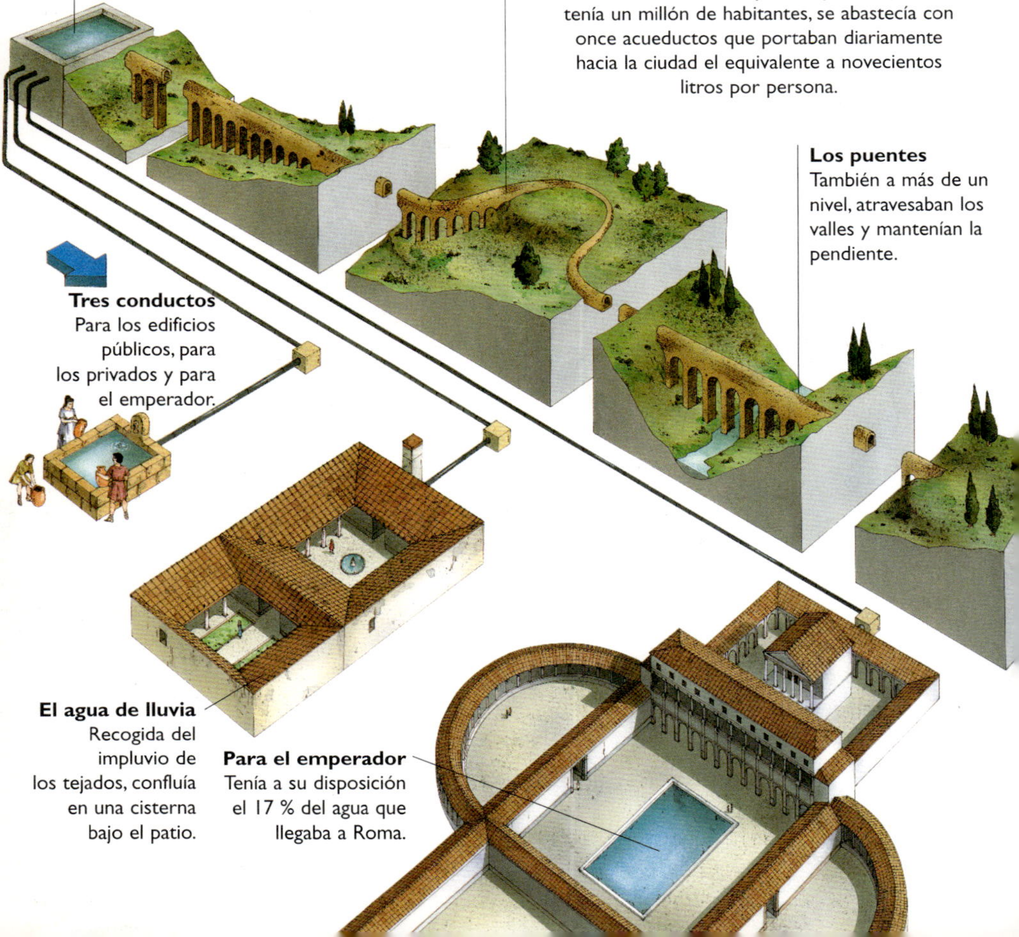

EL ABASTECIMIENTO HÍDRICO

Los acueductos construidos por los romanos garantizaban el abastecimiento de agua sólo a las ciudades que tenían pozos y manantiales locales que pudieran satisfacer sus necesidades. Roma, que en época imperial tenía un millón de habitantes, se abastecía con once acueductos que portaban diariamente hacia la ciudad el equivalente a novecientos litros por persona.

Imperio. Aún se pueden ver las largas sucesiones de arcos en varios niveles en muchas zonas de Francia, de España, de Italia y de Egipto. La Alemania romana tenía grandes acueductos en Colonia, Bonn, Maguncia y Treviri.

Pese a la gran atención de los romanos al agua y a su uso, no llegaron a emplearla como fuente de energía. Conocían el molino de agua, pero construyeron pocos: utilizaban más los accionados por hombres o animales.

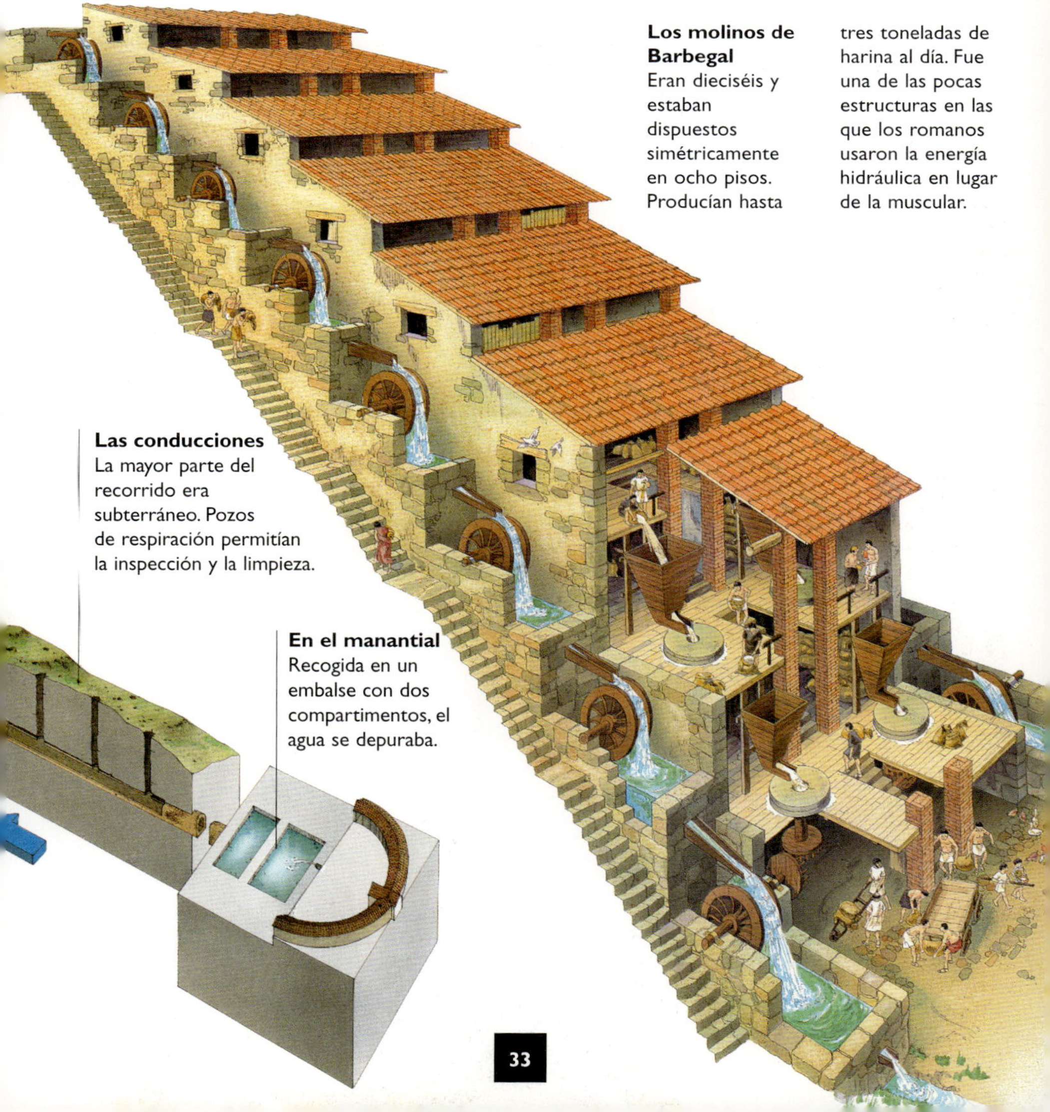

Decadencia y ascenso de Europa

El fin de la edad clásica precipitó a Europa hacia un período de decadencia. Otros pueblos tomaron la iniciativa del progreso tecnológico. Pero sus invenciones fueron aplicadas por los europeos que, desde el s. XI, inician una nueva fase de expansión.

Al final del s. V, bajo el golpe de los grandes movimientos de población conocidos como invasiones bárbaras, cayeron el imperio y las estructuras políticas creadas por los romanos. Comienza así la lenta caída de Europa, un proceso que duraría casi cinco siglos. La fecha de nacimiento de este período oscuro o Edad Media (más exactamente Medievo) se hace coincidir con un dato político: el fin del Imperio Romano de Occidente en el año 476. Después de ese momento, desaparecen algunos de los mayores centros de transmisión del saber de tipo clásico: en el 529 el emperador bizantino Justiniano ordena el cierre de la Academia y del Liceo de Atenas; en el 641 los árabes destruyen el templo dedicado a las Musas (el Museo) de Alejandría. El patrimonio cultural de la antigüedad es en gran parte anulado y carreteras, puentes, acueductos, aldeas y fundamentos de la civilización urbana caen en la ruina. La llegada de los bárbaros, con la caída de valores que conlleva,

La conquista árabe
En cien años el Islam extendió sus dominios desde Asia Central a los Pirineos. Su imperio se mantuvo íntegro sólo hasta el s. X, pero permaneció unificado por la lengua, la religión y las vías de comunicación.

afectó incluso a los emperadores: Carlomagno, cuyo imperio fue el primero en restituir la dignidad y, en parte, la unidad política a los pueblos europeos, en el año 800, apenas sabía leer y escribir.
En realidad, como veremos, Europa conseguirá superar una serie de obstáculos de naturaleza técnica que habían limitado el progreso tecnológico de los romanos.

Los árabes
A partir del s. VIII y al menos hasta el s. XIII, el verdadero heredero de la civilización clásica es el mundo islámico, que domina desde Arabia hasta Oriente Medio, del Norte de África a España: la tecnología árabe-islámica viene, de este modo, a ser una síntesis de culturas técnicas diversas, la helenística y la romana, que se funden con las aportaciones provenien-

LA ALHAMBRA
Un refinado edificio de Granada, ciudad española que estuvo durante centenares de años bajo el dominio árabe.

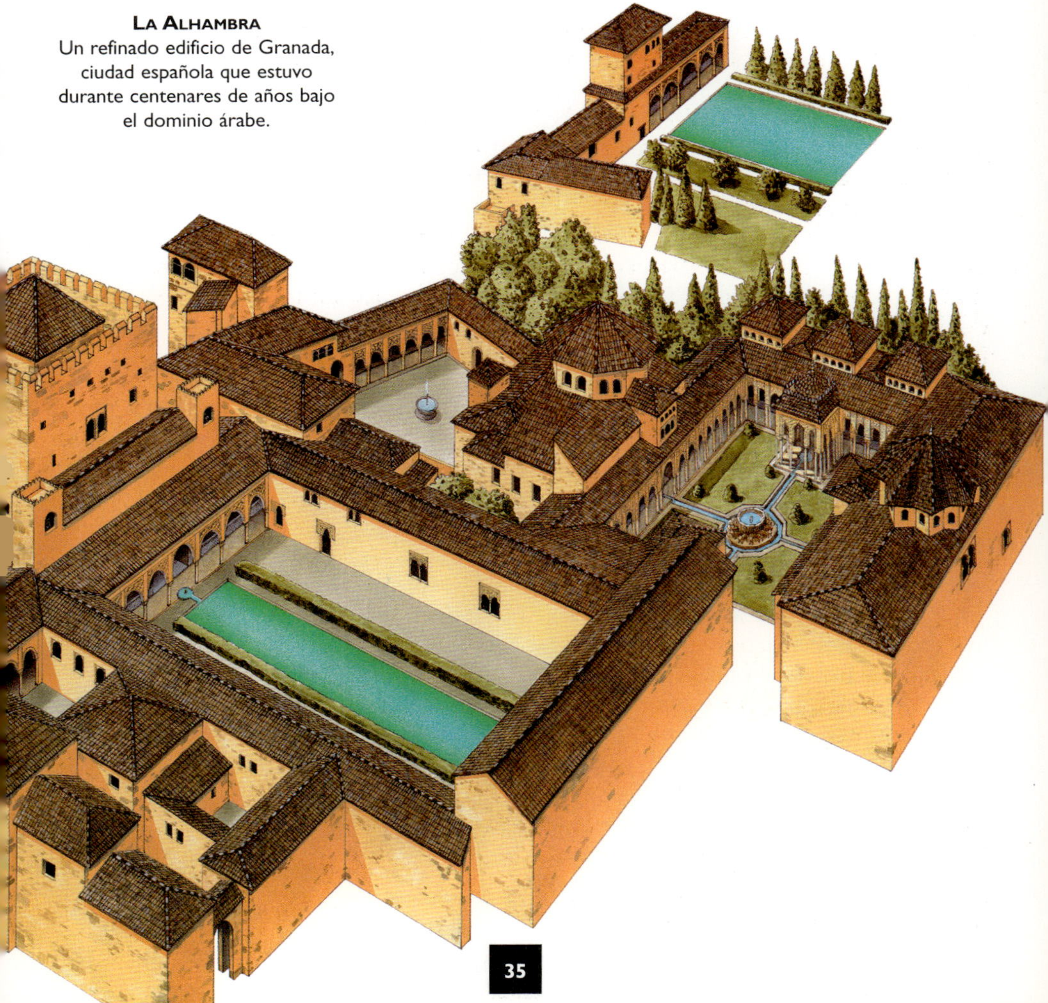

tes de Asia Central, de la India, de África y también del Extremo Oriente. Los musulmanes archivaban los conocimientos recogiéndolos en grandes bibliotecas; pero, incluso antes de que estos den la posibilidad de elaborar técnicas eficientes, les permiten dar vida a originales especulaciones científicas: la numeración en cifras, precisamente denominada árabe, la invención del álgebra, los progresos en astronomía, el descubrimiento de los álcalis en las sustancias químicas, sin que la química hubiera sido ni siquiera fundada aún como ciencia. De todos modos, los árabes supieron traducir sus conocimientos científicos también en conquistas tecnológicas como la producción de nafta (un derivado inflamable del petróleo), y en la realización de verdaderas industrias de perfumes y ácidos. Además fueron excelentes en la síntesis de colorantes para teñir tejidos. La aportación del Islam a la industria textil se demuestra también por los nombres de muchas telas de altísima calidad: el damasco se llama así porque proviene de la homónima ciudad de Siria, la muselina de Mossul, en Irak, y el fustán de Fustat, en Egipto. A los árabes también se les atribuye la invención de la vela latina, instrumento importantísimo para la navegación. En el campo alimenticio, cultivaron la caña de azúcar que utilizaron como dulcificante, e importaron a las mesas europeas alimentos de origen asiático como el arroz, las naranjas y las alcachofas.

Pero la importación de más éxito del Extremo Oriente fue la del papel: según la tradición los árabes llegaron a conocer el papel gracias a artesanos chinos capturados durante la con-

La vela latina
Fue la primera «vela cortante», es decir, capaz de tomar el viento por ambos lados y, por lo tanto, hacer viajar más rápidamente las naves.

La tintura
Las telas con colores realizadas en los países árabes invadieron los mercados europeos y orientales. A menudo eran ricamente coloreadas y decoradas con imágenes de seres vivos, a pesar de la prohibición musulmana de realizar tales representaciones.

Los colorantes
Se extraían de raíces de plantas, sustancias minera

quista de Samarcanda, en el 753. Después del s. XII, el mundo árabe participa cada vez menos del progreso tecnológico, entre otras razones a causa de las derrotas militares que costaron la pérdida de España al Oeste y las invasiones mongolas al Este.

China

Hasta el s. XV China supo poner en práctica sus conocimientos científicos más eficazmente de lo que fueron capaces los pueblos europeos. El papel fue inventado antes del año 100 y se difundió rápidamente por todo Oriente, pero

e insectos. Los procedimientos se custodiaban celosamente.

Los depósitos
En su interior echaban los polvos colorantes. Los tejidos se sumergían en el líquido y después se extendían a secar al sol.

EL PAPEL
Ya se producía en China en torno al año 100 extendiendo fibras de morera sobre redes de pesca.

fue sólo uno de los muchos éxitos tecnológicos alcanzados por una civilización floreciente desde el 2000 a.C.

Debido a que la supervivencia de la población estaba unida a las inundaciones del río Amarillo, unas veces benéficas, otras devastadoras, los chinos obtuvieron los primeros progresos importantes en el campo de la ingeniería hidráulica: un mejor dominio de las técnicas de anegamiento de los campos permitió la expansión del cultivo de arroz a las regiones meridionales. En el campo agrícola, construyeron nuevos instrumentos como el arado de hierro o las máquinas de sembrar. Los chinos construyeron altos hornos para fundir el hierro 1 500 años antes que los europeos y sabían producir porcelanas y trabajar el latón. En torno al 100 a.C. descubrieron que los imanes se orientan en dirección al polo Norte, dando así el primer paso para la invención de la brújula. El primer texto impreso en papel apareció en el 868. Parece que en aquellos mismos años se inventaron el compás y la pólvora y ya en el 969 se utilizaron cohetes rudimentarios como armas de guerra. China, en el s. XVI, estuvo a un paso de la industrialización. Sin embargo no logró convertirse en lo que en poco tiempo llegaría a ser Europa. Por poco no consiguió el dominio del mundo. Lo que ocurrió es que se impuso la tendencia a la conservación y al aislamiento de sus clases dirigentes. Superada la fase crítica del s. XVI y una vez que cayó la dinastía Ming (1644), los manchús se convirtieron en los dirigentes indiscutibles de China. Con Ch'ien-lung, la dinastía manchú de los Ch'ing alcanzará su máximo apogeo en el transcurso del s. XVIII El imperio se mantendrá autárquico hasta la llegada de los

La ballesta
Un arma inventada por los chinos en el s. VI a.C.

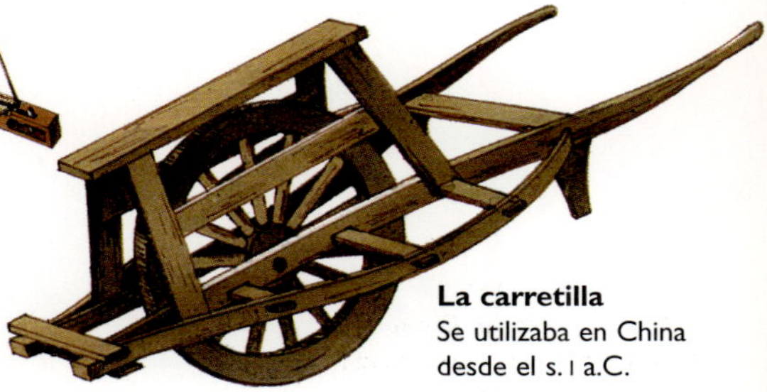

La carretilla
Se utilizaba en China desde el s. I a.C.

El estribo
Apareció en China en el s. II, daba estabilidad a los jinetes.

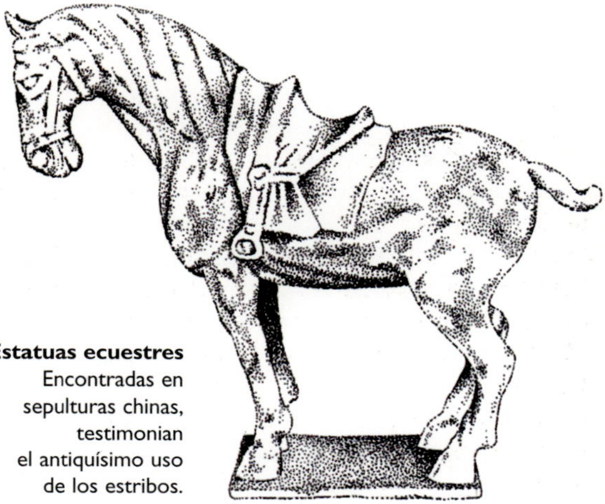

Estatuas ecuestres
Encontradas en sepulturas chinas, testimonian el antiquísimo uso de los estribos.

occidentales a partir del s. XIX.

Los militares y los literatos, élite de la nación, mantuvieron un comportamiento de indiferencia hacia la ciencia y la cultura europeas y subestimaron el poderío de las naciones occidentales. El comercio exterior permaneció centrado en las exportaciones de té y de seda a cambio de plata; todos los demás productos europeos fueron considerados bárbaros por las refinadas clases dominantes chinas y manchús.

Europa se recupera

La Europa de la Alta Edad Media (entre el 500 y el 1000) sufría un gran atraso económico y cultu-

Las armaduras
En la Edad Media cubrían por entero tanto al jinete como al caballo.

La caballería
Gracias a la introducción del estribo en Europa a partir del s. VIII, caballo y jinete se convirtieron en una única máquina de guerra. Se podía cargar con la lanza en posición de ataque y luchar sin perder el equilibrio. La introducción de un pequeño arnés fue otro gran avance.

ral. Incluso a conquistadores potenciales como los árabes no les atraía la idea de entrar en posesión de ciudades en ruinas, ya despojadas de sus riquezas. Sin embargo, a partir del s. VIII, la sociedad europea había empezado a salir del letargo, también tecnológico, en el que había caído; después continúa con una larga fase de despegue a partir del inicio de la Baja Edad Media, en el s. XI. Ya en la Alta Edad Media, Europa hizo propias las ideas y las técnicas provenientes de las civilizaciones contemporáneas china y árabe; la base de su economía dejó de ser una institución, como había sido la esclavitud, muy extendi-

El ballestero
Vestía una cota de malla que le protegía de los golpes con espada.

Los caballeros
Tenían espada, lanza y escudo, y estaban protegidos con yelmo y cota de malla. Debajo o encima de la malla, a menudo, llevaban verdaderas placas de metal para proteger la espalda y el pecho de los ataques.

da en el mundo clásico, o los siervos de la gleba, como había hecho tras el fin del Imperio Romano, impulsada por la exigencia de encontrar nuevas soluciones para aliviar la fatiga del trabajo en los campos. Un papel importante lo tuvo la fragmentación política del Occidente medieval, capaz de estimular la búsqueda de innovaciones y nuevas ideas más de lo que hubiera sido capaz un poder centralizador. Fue también fundamental la huella de la religión cristiana —en una época en la que la religión ocupaba un puesto central en la vida de las comunidades— que desarrolló la visión de un Dios racional y calculador que había asignado al hombre la tarea de dominar y manipular el mundo. Igualmente fue decisivo el hecho de que Europa se encontrase en el s. VIII en condiciones de guerra.

La elaboración
El metal, aún incandescente, era modelado a golpe de martillo sobre el yunque.

Los detalles
Para el acabado, el objeto de metal se volvía a poner sobre el fuego y era golpeado nuevamente.

Después de que se puso fin a la expansión islámica con la victoria de Carlos Martell en Poitiers en el 732, el continente europeo fue sacudido por una serie de guerras internas y por una segunda oleada de invasiones por parte de pueblos provenientes del Norte y del Este. Esta situación provocó el desarrollo de armas arrojadizas cada vez más potentes y armaduras cada vez más sólidas. Las armaduras medievales, que se conservan hasta la actualidad, son la prueba de la gran habilidad de los herreros de la época. Más bien fue, precisamente, la gran y continua petición de armas la que indujo de forma duradera los progresos de la metalurgia. Unos siglos después, en el s. XII, los hornos de la foresta de Dean, en Bretaña, serán capaces de producir 50 000 herraduras para la caballería del rey Ricardo I, que partía para una cruzada. Las mejoras en la elaboración del hierro fueron conseguidas

La collera
Estaba a acolchado y se apoyaba en la cerviz del caballo. El animal podía, finalmente, demostrar toda su potencia.

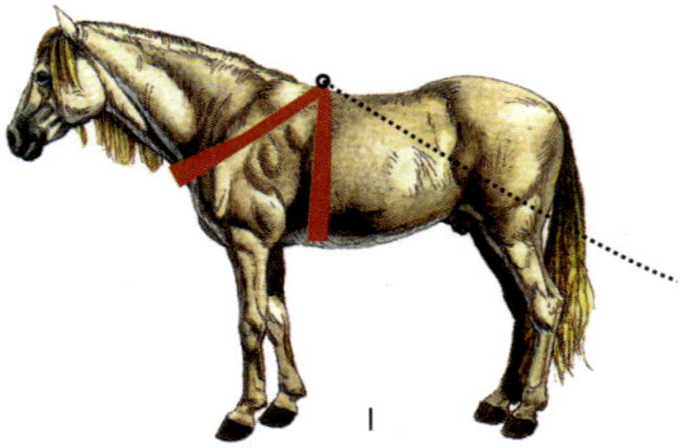

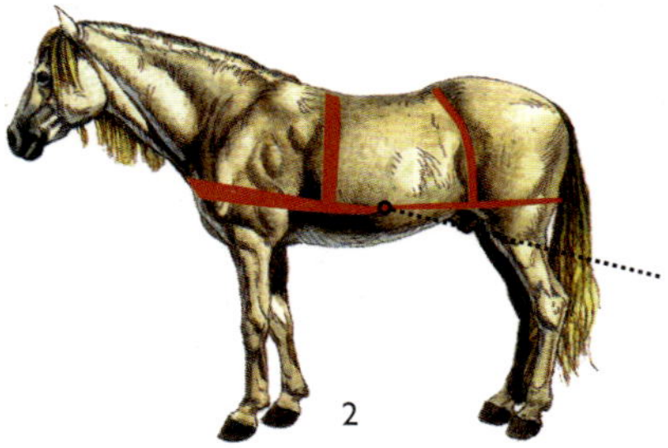

Los arneses
Los griegos y los romanos, para arrastrar los carros, les ponían a los caballos una collera que les apretaba la vena yugular y la tráquea (1). De este modo se calcula que se perdía un 1,80 por ciento del rendimiento del animal. La solución fue encontrada en el s. IX cuando se ideó una cincha que se ataba alrededor del lomo del caballo en lugar de apretar el cuello (2).

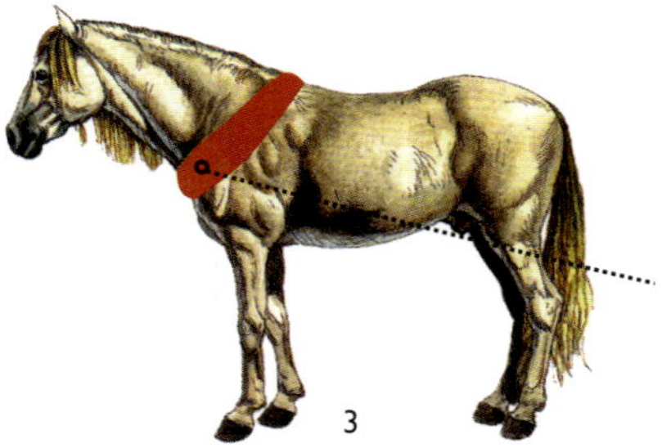

Una evolución posterior
En la Baja Edad Media se encontró una versión definitiva de las guarniciones del caballo (3).

gracias, principalmente, a los herreros nórdicos. Los de la Galia, que en el pasado habían sido loados por el César, inventaron la armadura con malla y las llantas de hierro para las ruedas de los carros. Las espadas de los vikingos y las hachas de guerra se hicieron famosas por su eficacia.

Pero la verdadera innovación metalúrgica de la Edad Media fue la elaboración del hierro colado. Desde el comienzo de la Edad de Hierro (es decir, desde el 1200 a.C.) hasta el Medievo avanzado, el mineral ferroso fundido en las fraguas no alcanzaba nunca el estado líquido, propiamente dicho. Con la adopción gradual del carbón mineral como combustible, en lugar del carbón vegetal, y de fuelles cada vez más potentes se consiguió hacer subir la temperatura de las fraguas. Hasta que, en el s. XV, la construcción de los primeros altos hornos europeos, con sus potentes flujos de aire que aumentaban la combustión del carbón, hicieron posible la fusión completa del mineral. Así se podía obtener el hierro colado, más rico en carbono que el hierro tradicional, menos elástico pero bastante más resistente a la compresión.

La revolución agrícola

La elaboración de los metales tuvo consecuencias excepcionales en la agricultura. Entre todos los instrumentos de metal ideados para facilitar las labores a los campesinos ocupa un puesto relevante el arado pesado. La difusión del arado pesado en la Europa septentrional se remonta al s. VII y es la primera de una serie de innovaciones en la agricultura que modificaron la imagen y el papel de Europa: el uso de los molinos de agua, la rotación agraria trienal y las nuevas técnicas de utilización de los caballos, los cuales, progresivamente, sustituyeron a los bueyes como animales de tiro. En la granja de una abadía inglesa el número de bueyes entre el 1125 y el 1160 disminuyó hasta la mitad y, en el mismo período, el número de caballos aumentó cuatro veces. La imprevista predilección por el caballo se explica por la difusión de invenciones que aumentaron notablemente su eficacia. La más importante fue la herradura: en la antigüedad la única protección para las pezuñas de los caballos estaba constituida por rudimentarias «sanda-

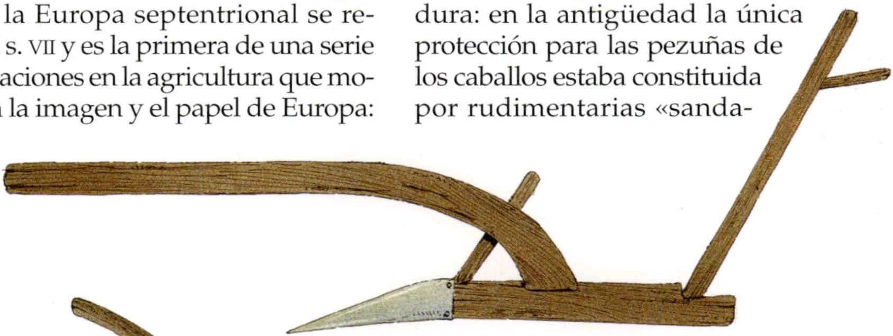

El arado simple
Se difundió por las zonas mediterráneas, tenía una punta de hierro que abría surcos poco profundos y, a menudo, eran necesarias dos pasadas cruzadas.
Era poco apropiado para los suelos húmedos y arcillosos de las llanuras de la Europa del Norte.

El arado pesado
Excava en profundidad gracias a las dos cuchillas que cortan el suelo tanto horizontal como verticalmente. Estaba dotado de ruedas y tenía una vertedera que revolvía la tierra para cavar surcos profundos.

lias» de cuero; el hierro protegía mucho mejor el pie del caballo. Se ha empleado especialmente en los terrenos húmedos del norte de Europa. Otro notable progreso fue el relativo a los arneses. Comparable a la introducción del arado pesado, por las consecuencias que tuvo en la producción alimentaria europea, fue la adopción del sistema de rotación trienal, que ya se había manifestado esporádicamente a partir del s. VIII. Nació para resolver el problema de como nutrir a tantos animales de tiro necesarios para arar y para aumentar las cosechas sin privar totalmente al terreno de sus sustancias nutritivas.

Aunque fuese bien conocido por los romanos, sólo en el Medievo el molino de agua fue empleado de manera notable en la agricultura. Entre el s. VI y el s. VII, algu-

Primer año
La mitad del fondo era destinada al cultivo del trigo y la otra mitad al cultivo de cebada y legumbres.

LAS ROTACIÓN EN LOS CULTIVOS
En el primer Medievo la rotación trienal sustituyó a la bienal. Esto permitió aumentar la productividad en un 50 % y producir alimento también para los caballos empleados en la agricultura, factor determinante para aumentar aún más el rendimiento agrícola.

Segundo año
Los cultivos se variaban para no empobrecer excesivamente el terreno.

Primer año
Un tercio del fondo era cultivado con trigo.

Segundo año
Cebada, avena o legumbres sustituían al trigo que, en cambio, era cultivado donde el año anterior había estado el pasto.

Tercer año
Después de dos años de cultivos diversos, alguna de las tres partes se dejaba reposar y se destinaba al pasto.

nos señores feudales hicieron construir molinos de agua obligando a sus siervos a usarlos para moler el grano y prohibiendo su molienda en casa como siempre habían hecho. La operación se reveló muy rentable y fue rápidamente imitada por otros feudatarios en todos los ángulos de Europa. Hasta el s. X el molino de agua fue usado sólo para moler el grano. Después se utilizó para transformar la energía de los cursos de agua con el movimiento rotatorio, para preparar la malta necesaria para la fabricación de la cerveza o en la elaboración del hierro y el papel o, incluso, para accionar sierras en la carpintería: esto llevó a una especialización gradual de los molinos y los molineros.
En el mismo período también aparecieron los primeros molinos de viento. También en este caso el primer uso fue el de

la molienda del grano, al cual siguieron muchos otros en todos los campos de la producción alimentaria y artesanal. La fuerte entrada de los molinos de viento en las actividades económicas europeas vino a colmar la falta de energía disponible para el trabajo. La Europa medieval fue la primera sociedad que basó su economía más en la fuerza inanimada que en la de los esclavos, siervos o animales. Tantos progresos en un período relativamente breve tuvieron importantes consecuencias. El paso de Alta a Baja Edad Media, en el s. XI, y el fin de las invasiones dotaron de una nueva tranquilidad a Europa; los campos pudieron ser cultivados más fácilmente, su rendimiento aumentó, y, en consecuencia, la disponibilidad alimentaria: siguió a esto un gran incremento demográfico y una fase político-jurídica llamada «segunda edad feudal»: grandes posesiones se concentran en las manos de pocos propietarios; la transformación de sus posesiones, en propiedades estables y hereditarias, favorecen un mayor y más eficaz aprovechamiento de las tierras. Con el aumento de las superficies cultivadas incluso mediante la tala de árboles de los bosques, la población, posteriormente, se acrecentó.

La rueda horizontal
Ponía a rotar una barra vertical en cuyo vértice estaba fijada una muela.

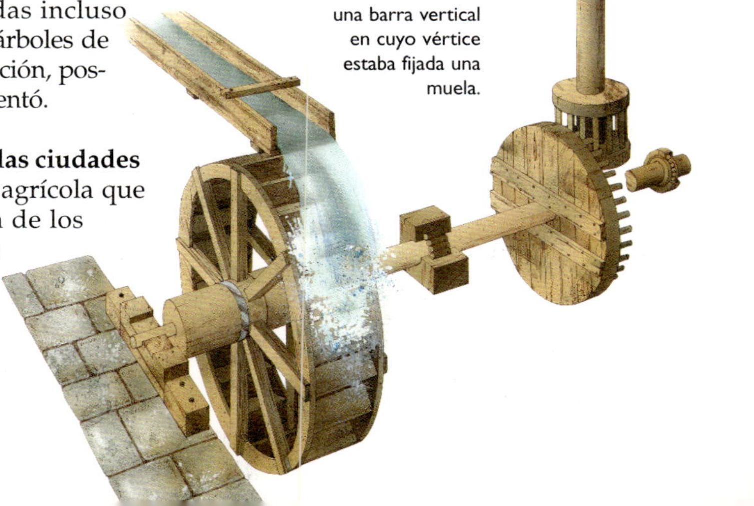

El renacimiento de las ciudades

La gran revolución agrícola que modificó la imagen de los campos medievales tuvo una consecuencia inmediata: un incremento de la producción de alimentos que acompañó al crecimiento de la población europea. Entre la mitad del s. X y el comienzo del XIV, el número de los habitantes de Francia, Alemania y las Islas Británicas se triplicó, y el de la población italiana se dobló. Según algunas estimaciones, en torno al 1330, Europa contaba al menos con 80 millones de habitantes, frente a 35 millones en el año 1000. Inesperadamente, la producción de alimentos no logró hacer frente al aumento de la población. El hambre y la carestía, unidas a las tradicionales vejaciones por parte de los señores feudales, pusieron una dura prueba a los habitantes de los campos. Los campesinos, desalentados por sus condiciones de vida, comenzaron a afluir a las ciudades con la esperanza de romper con el pasado y encontrar nuevas formas de vida. Iban, en resumen, en busca de un mundo nuevo. No es casual que la

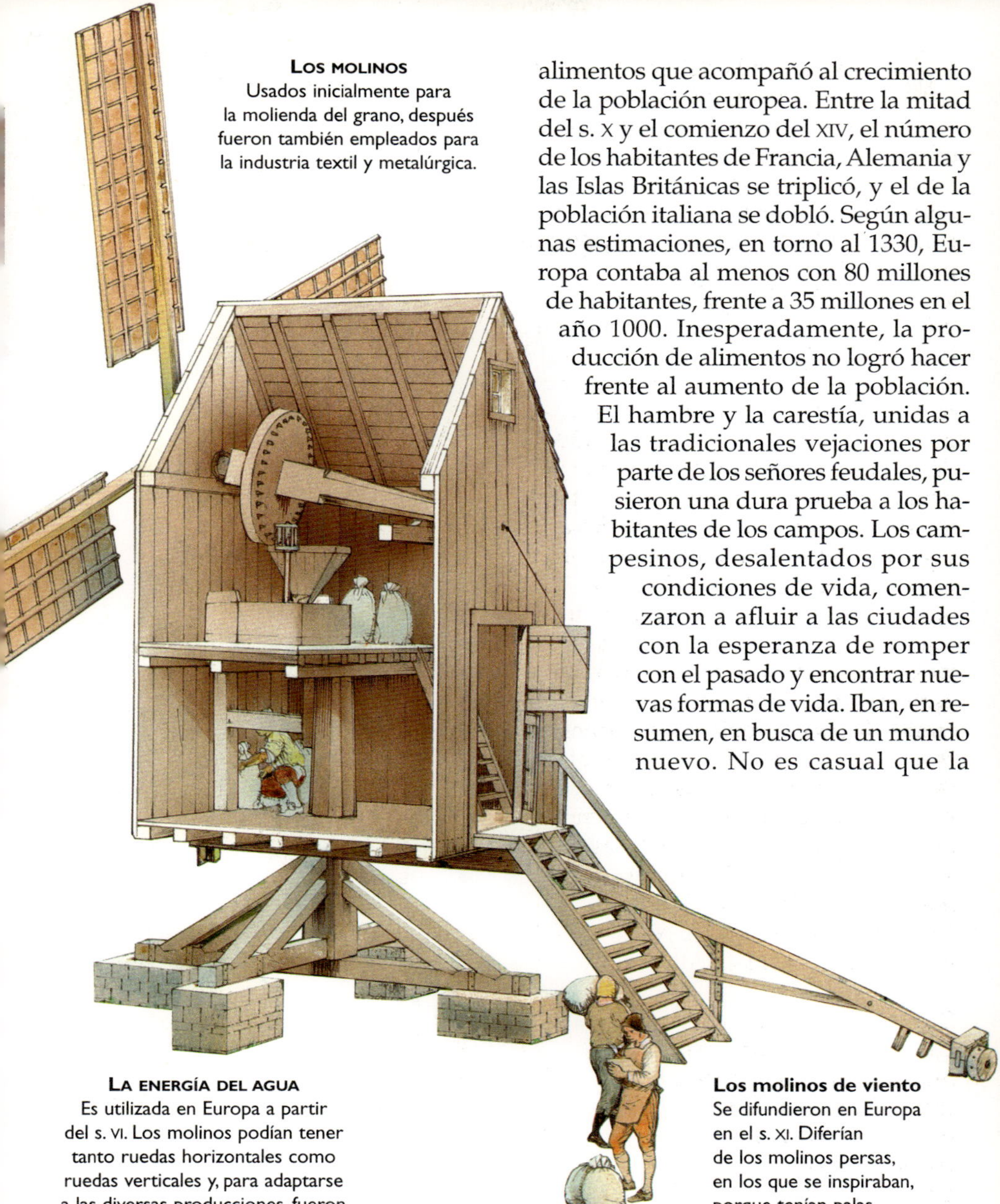

Los molinos
Usados inicialmente para la molienda del grano, después fueron también empleados para la industria textil y metalúrgica.

La energía del agua
Es utilizada en Europa a partir del s. VI. Los molinos podían tener tanto ruedas horizontales como ruedas verticales y, para adaptarse a las diversas producciones, fueron enriquecidos con nuevos mecanismos.

Los molinos de viento
Se difundieron en Europa en el s. XI. Diferían de los molinos persas, en los que se inspiraban, porque tenían palas verticales en lugar de palas horizontales.

Las catedrales góticas
Edificios altísimos que, vistos desde su interior, parecían apoyarse sobre sus delgadas columnas y en lugar de muros tener vidrieras muy altas. Desde el s. XII hicieron su aparición en Francia. El principio que regía estas construcciones era simple: liberar el espacio interno sosteniendo el edificio desde el exterior.

Las vidrieras
Eran multicolores y aligeraban la imagen de la catedral.

El arco rampante
Transmitía el empuje de los arcos y del techo a los contrafuertes.

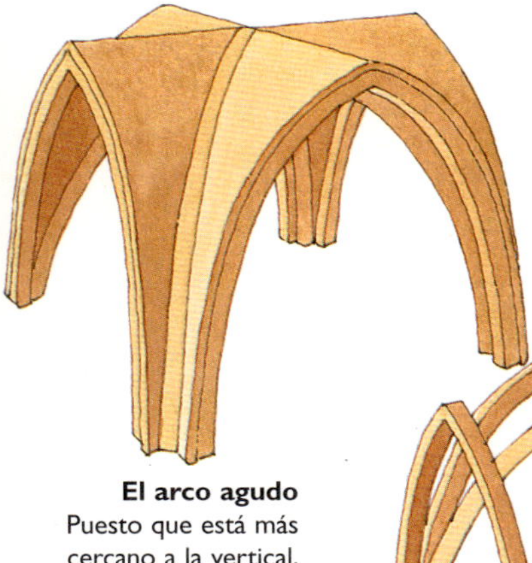

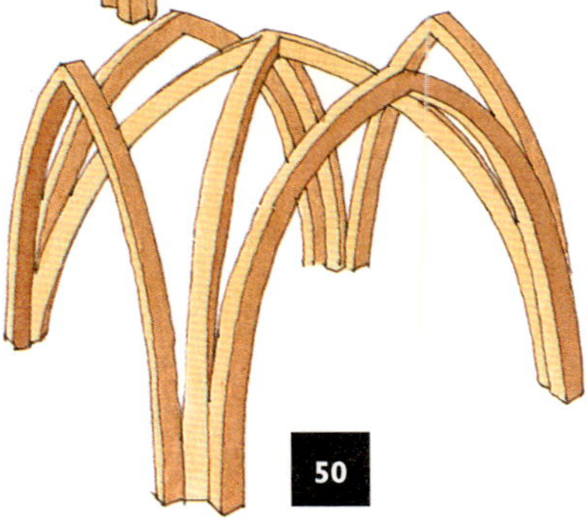

El arco agudo
Puesto que está más cercano a la vertical, descarga, de forma directa, el peso sobre las columnas que lo sostienen.

imagen de la ciudad a los ojos del campesino medieval se haya comparado con la que los europeos del s. XIX tenían de América. Arruinadas tras la caída del Imperio Romano, las ciudades resurgieron y se convirtieron en el lugar ideal para la creación de nuevos oficios y nuevas riquezas, en general contrapuestas a las de los grandes propietarios de tierras. La arquitectura fue rápidamente expresión máxima del espíritu de los nuevos centros urbanos. Las grandes catedrales góticas de las ciudades, por ejemplo, surgieron casi en contraposición a los castillos rurales de los señores feudales. Un historiador ha escrito: «Lo que significó, en primer lugar, el arte de las catedrales en Europa fue el renacimiento de las ciudades». Conjuntamente, provocó la búsqueda de nuevas soluciones técnicas para la construcción y la formación de nuevas categorías de trabajadores. En

La aguja
Un elemento puramente decorativo que se situaba encima de los contrafuertes.

El contrafuerte
La espina dorsal de la catedral. El contrafuerte sostiene el peso del techo.

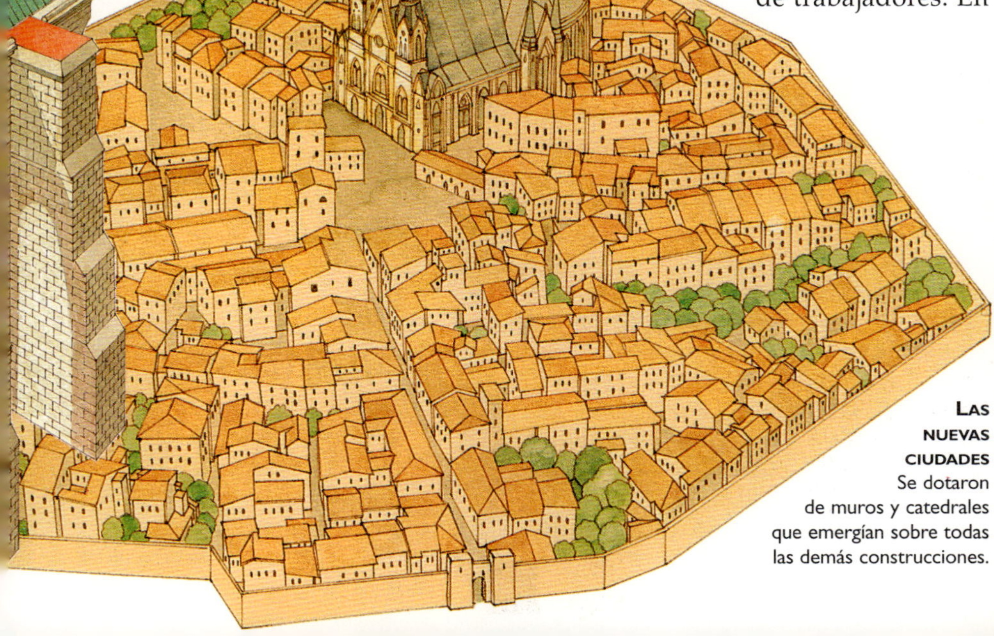

Las nuevas ciudades
Se dotaron de muros y catedrales que emergían sobre todas las demás construcciones.

la práctica, todos los artesanos de la ciudad tomaban parte en la construcción de la catedral: desde los canteros a los herreros, carpinteros, estañeros, vidrieros.
La contraposición entre el campo y la ciudad nunca había sido tan clara. Los núcleos urbanos en las antiguas civilizaciones estaban, en realidad, integrados en una sociedad agrícola y el poder estaba en manos de los propietarios de tierras, que vivían predominantemente en la ciudad; por el contrario, la ciudad medieval rápidamente se caracterizó como una entidad autónoma, separada del campo circundante, incluso físicamente gracias a los muros y los fosos. En el mundo feudal, los pocos trueques que se realizaban tenían lugar en mercados que se instalaban raramente, incluso una sola vez al año; sin embargo, las ciudades eran escenario de un trueque continuo, pobladas por mercaderes y artesanos que, reunidos en corporaciones, se hacían cada vez más ricos y poderosos. El estado de relativo bienestar de los ciudadanos europeos se tradujo en la producción y el consumo de bienes que no eran de primera necesidad. Pero también en la invención de nuevos instrumentos.

Nuevas invenciones

Es el caso del reloj mecánico de pesas, que hizo su aparición a finales del s. XIII. No se sabe con exactitud quien fue el primero en idearlo, sin embargo, es seguro que fueron los mecánicos europeos los que comprendieron que la caída de un peso podía ser aprovechada para generar las oscilaciones regulares necesarias para el funcionamiento de un reloj. Las mejoras fueron continuas, tanto

Las ferias
Para favorecer los trueques a distancia, en la ciudad, lugar de encuentro de vías comerciales, tenían lugar periódicamente las ferias.

Las mercancías
Se comerciaba con animales, pieles, especias, telas orientales, utensilios, objetos y curiosidades como podían ser los relojes mecánicos.

El mercado
Las ferias tenían lugar en la plaza central de la ciudad. Aunque aún se practica el trueque se siente la exigencia de un sistema monetario eficiente.

Los mecanismos
Algunos, como este reloj astronómico, se convirtieron en bienes muy codiciados.

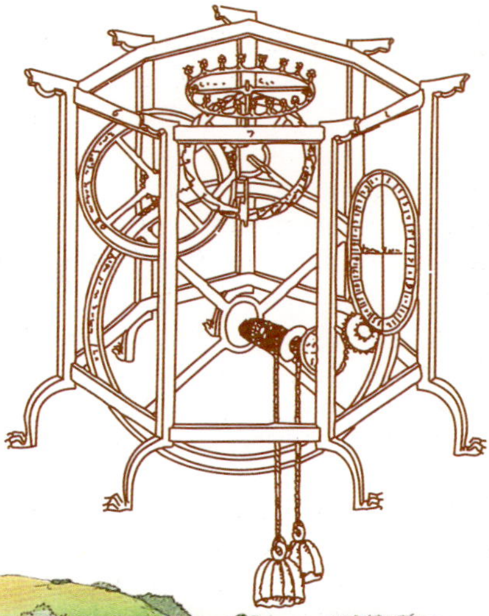

La esquila
Las ovejas eran esquiladas con tijeras formadas por dos láminas triangulares.

La hilandería
Las mujeres retorcían la fibra y enrollaban el hilo así obtenido en un huso.

El cardado
Para desenredar la fibra se pasaba la lana por una flor seca, el cardo.

El trabajo con el arco
Se obtenía el mismo resultado pellizcando la cuerda de un arco. Las vibraciones desenredaban los nudos.

El abatanar
La tela rala obtenida en el telar es pisada y comprimida en el agua.

La hilado
Desde el s. XIII, en Europa, los hilos se entrelazaban con el telar horizontal a pedales.

La tundidura
La parte superior de las fibras era rasurada usando grandes tijeras.

que apenas después de un siglo cada ciudad europea podía jactarse de tener su reloj, capaz no sólo de señalar la hora sino también todos los movimientos astronómicos entonces conocidos.
Otro sector que sufrió un fuerte incremento de la producción fue el textil. La realización de tejidos había sido siempre una ocupación doméstica, pero en el Medievo dio origen a una serie de oficios especializados como el de tejedor, abatanero, tintorero o rasurador. En Italia aparecieron los primeros sistemas de fabricación industrial y, en algunos procesos de elaboración, fueron empleados también los hombres, mientras en el pasado la actividad textil era una labor exclusiva de las mujeres. No faltaron las innovaciones tecnológicas como el torno de hilar y una nueva versión del telar horizontal que sustituyó definitivamente al vertical adoptado desde la antigüedad.
En resumen, la Europa de principios del s. XVI era capaz de producir bienes y servicios como nunca en el pasado había sucedido. La tecnología era el campo de aplicación que había hecho mayores progresos y Europa ya podía considerarse a la par con civilizaciones que hasta ese momento eran más avanzadas como el Islam o China. En poco tiempo Europa se adelantaría.

El Renacimiento

El 29 de mayo de 1453 los turcos tomaron Constantinopla, obligando a muchos estudiosos griegos a huir a Occidente. Algunos historiadores ponen convencionalmente en esta fecha (otros en la cercana 1492, año del descubrimiento de América) el inicio de la Edad Moderna.

Fue esta migración de pensadores de Grecia la que hizo a Europa redescubrir la cultura clásica, que había caído en el olvido durante el Medievo. Redescubrir la cultura clásica significaba, de hecho, «renacer» a sus cánones de belleza y armonía, a su ingenio arquitectónico, suponía revisar críticamente la herencia de textos y monumentos que aquel tiempo había dejado, reencontrar una concepción del hombre de nuevo confiado en su propia capacidad de cambiar el mundo y de dominar la naturaleza. No es casual que la primera parte de este período venga también definida con el nombre de Humanismo. El Renacimiento tuvo consecuencias en todos los campos del saber, desde la pin-

La estructura
Terminada en el 1436, está constituida por dos cúpulas de ladrillos superpuestas. El diámetro interno era de 41,5 metros.

La cúpula de Brunelleschi
Filippo Brunelleschi (1377-1446), arquitecto y escultor, es una guía para todos los artistas del Renacimiento. Suya es la cúpula que cubre la catedral de Florencia, uno de los símbolos del Renacimiento aún hoy.

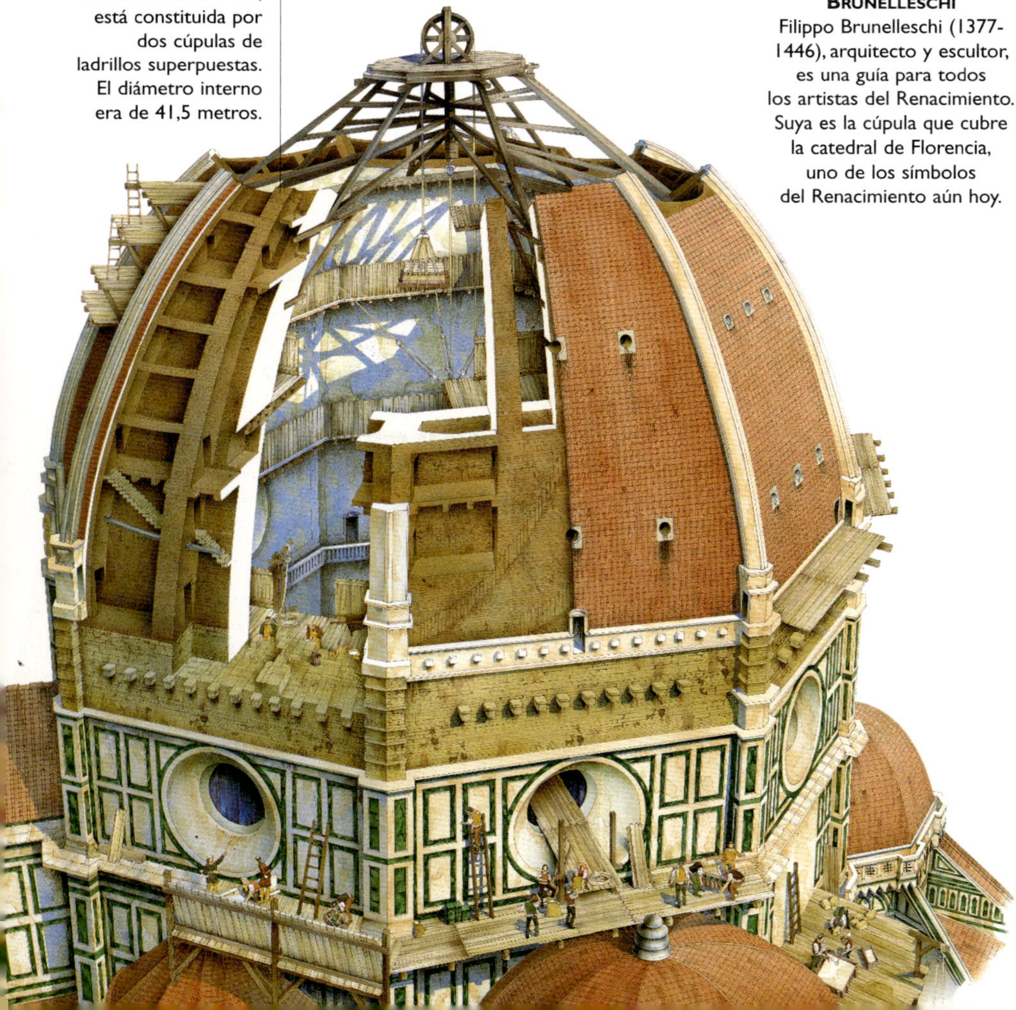

tura a la escultura, la arquitectura o la filosofía: una verdadera revolución del pensamiento que produciría sus frutos también en el campo de la ciencia y de la técnica. El hombre renacentista por excelencia es Leonardo da Vinci (1452-1519), capaz de pasar de la pintura a proyectar máquinas o a estudiar la anatomía humana. Sin embargo, todo el Renacimiento europeo se caracterizó por el florecimiento de proyectos no realizados: piróscafos, máquinas de cálculo, ruedas accionadas por vapor. Se ha observado que las invenciones fueron datadas en el año en que fueron concebidas, en lugar del año en que fueron efectivamente realizadas por primera vez, el Renacimiento debería ser consi-

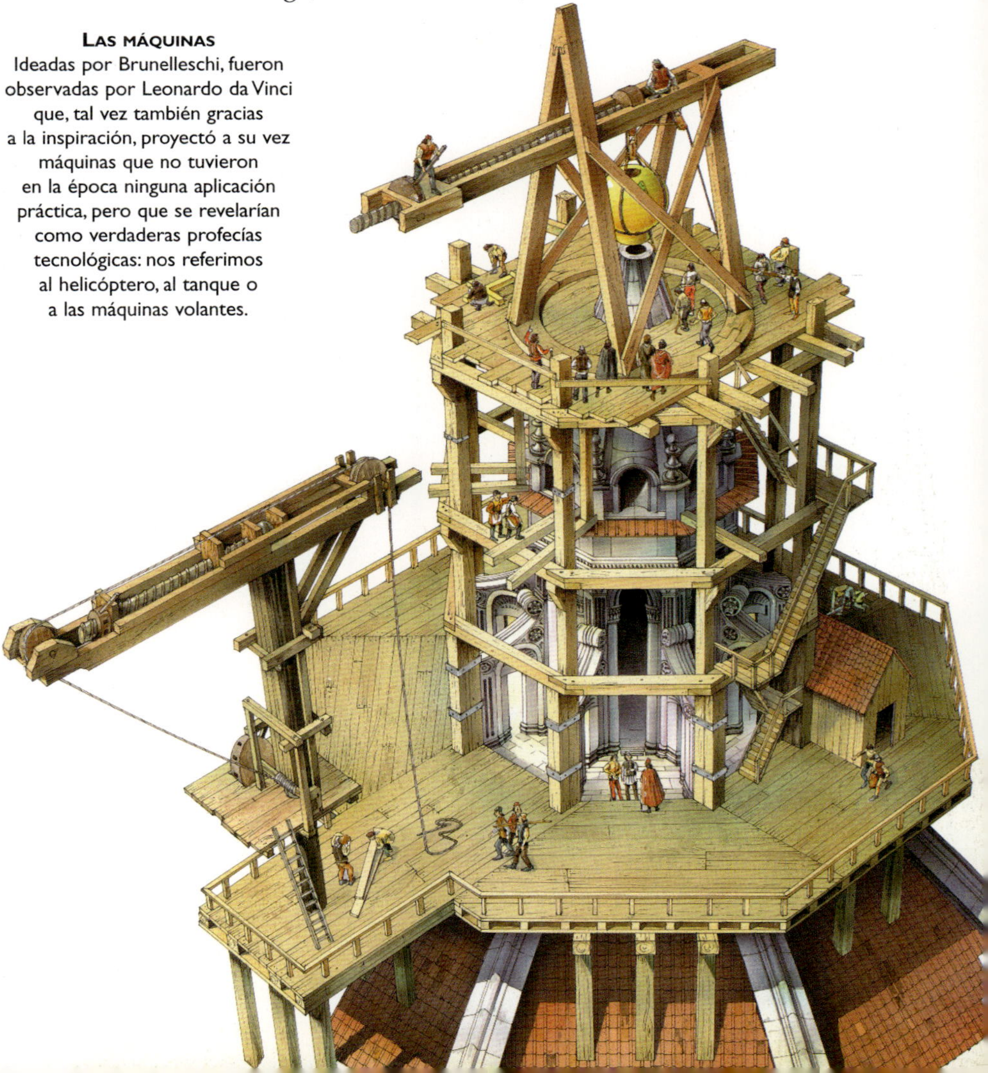

Las máquinas
Ideadas por Brunelleschi, fueron observadas por Leonardo da Vinci que, tal vez también gracias a la inspiración, proyectó a su vez máquinas que no tuvieron en la época ninguna aplicación práctica, pero que se revelarían como verdaderas profecías tecnológicas: nos referimos al helicóptero, al tanque o a las máquinas volantes.

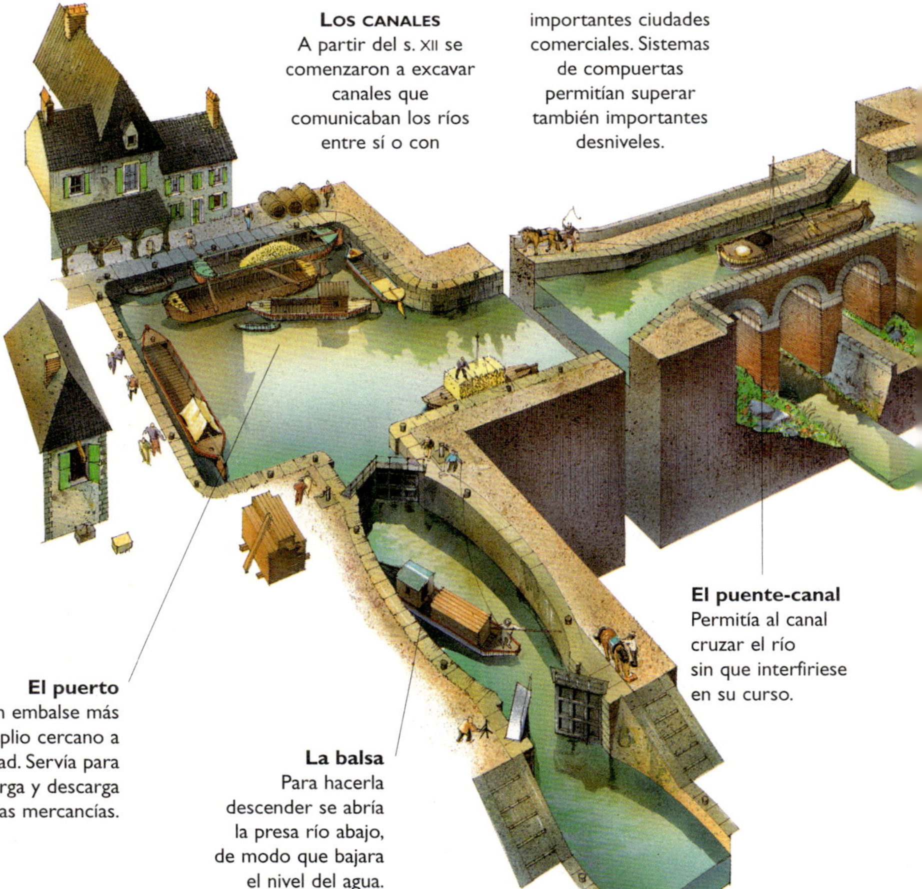

derado un período creativo al menos como el de la Revolución Industrial, que se verificaría a partir del 1750. Pero la creatividad renacentista es frustrada por la imposibilidad de llevar a cabo ciertas elaboraciones, por falta de materias primas y de fuentes de energía que no fuesen la animal. De todos modos, muchas intuiciones se pusieron en práctica y contribuyeron al crecimiento de la tecnología y economía en Europa frente al resto del mundo. El propio Leonardo, en torno al 1497, ideó un sistema de presas que hubiera hecho mucho más simple la navegación por canales. Verdaderamente la ingeniería hidráulica fue uno de los mayores éxitos tecnológicos del Renaci-

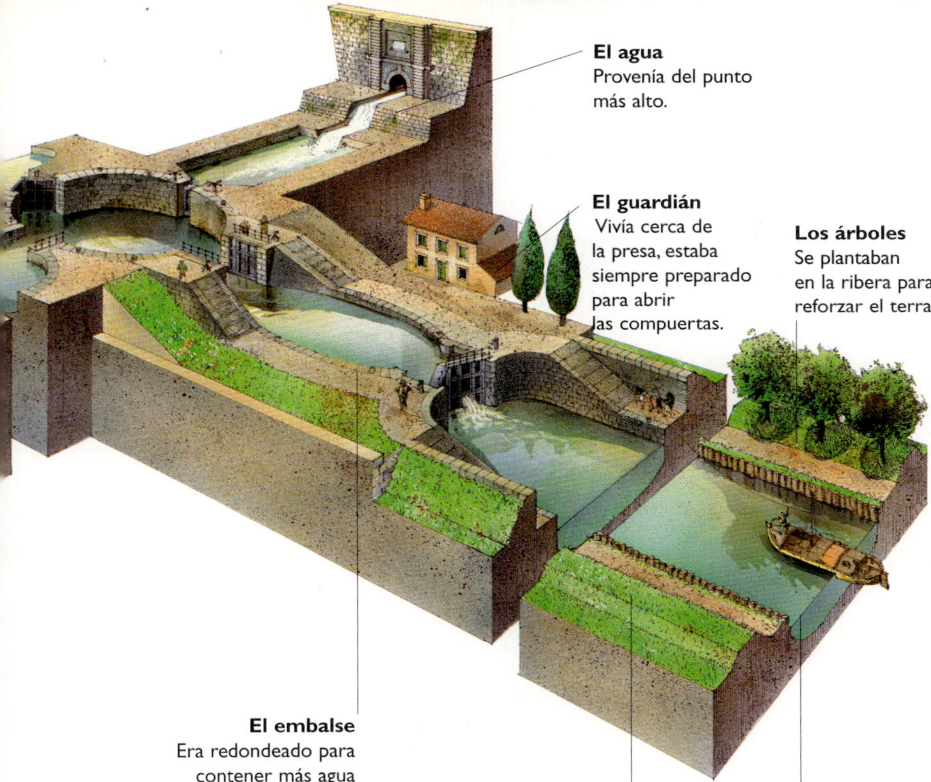

miento. Además de Leonardo, en este campo brillaron los ingenieros holandeses, que tuvieron que proteger sus tierras del mar y de los grandes ríos construyendo diques, bombas y canales. Las grandes obras de canalización sirvieron también para hacer progresos en el aprovisionamiento de agua potable, un campo en el que la Europa renacentista aún no había alcanzado el desarrollo que tuvo durante el Imperio Romano.

La imprenta

Una innovación tecnológica de alcance incalculable fue la imprenta. En realidad, imprimir caracteres y dibujos por medio de bloques de madera grabados y coloreados con tinta era un invento antiguo, ya conocido en China en el siglo noveno. Pero, en 1453, Johann Gutemberg ideó un sistema para componer los textos e imprimir mediante el uso de caracteres móviles y no de bloques enteros. De este modo, la composición de las diferentes páginas era mucho más simple y rápida: ya no era necesario grabar un bloque con las palabras de la página, bastaba con ensamblar los caracteres ya existentes en el orden adecuado. El problema principal fue realizar caracteres de zinc, estaño y plomo con la misma altura y espesor pero con anchuras diferentes. La de Gutemberg fue una gran idea, hecha posible gracias también a sus conocimientos en el campo metalúrgico. De hecho, el padre de Johann había sido el orfebre de confianza del arzobispo de Maguncia. Sólo 27 años después de su invención, en Europa había ya 380 imprentas funcionando. En el siguiente medio siglo se produjeron más libros que en los mil años precedentes. El resultado inmediato fue la bajada de los precios de los libros, hasta entonces considera-

La xilografía y la calcografía

El grabado en madera y cobre para obtener imágenes para reproducir mediante la impresión de numerosas copias tuvo un notable impulso a partir del s. XV.

La composición
Un tipógrafo ordena los caracteres en la página; otro mide con un componedor la línea a imprimir.

La untura de la tinta
Se efectúa con tampones aplicados sobre los moldes.

La prensa
Permite prensar el folio en un molde en el cual se han fijado los caracteres móviles tintados. De este modo, toma vida la página escrita.

Los folios
Las pruebas de impresión son controladas por un corrector.

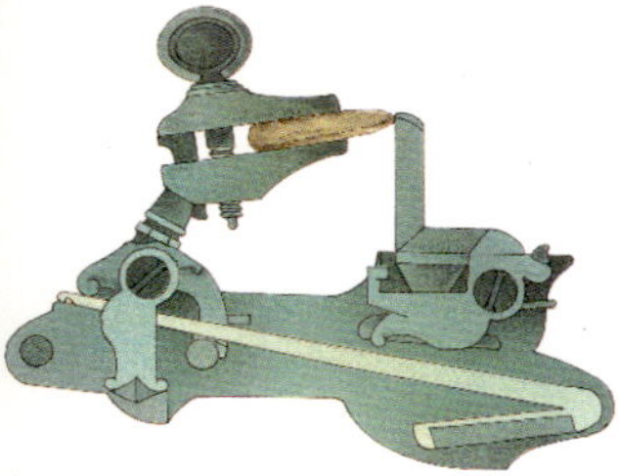

La chaira
Presionando el gatillo del fusil, un pedernal provocaba un chispazo y prendía fuego a la pólvora.

Las armas de fuego
En el s. XV las piezas de artillería con hierro forjado eran empleadas comúnmente durante los asedios.

Los cañones
Antes de que se lograse producir cañones resistentes y perfectamente huecos se idearon cañones anclados a armazones de madera.

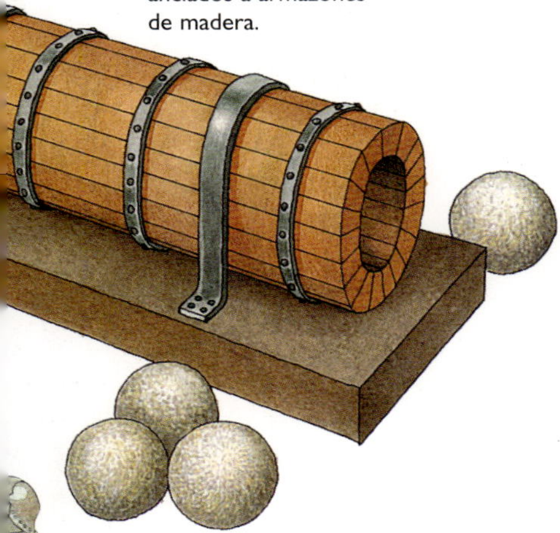

La pólvora
Se conservaba bien en un cuerno. Su uso cambió radicalmente el modo de combatir. Pero también el modo de construir naves y fortalezas.

dos un lujo para pocos. Para comprar un libro escrito por los amanuenses de la España del 800 se tenía que pagar el equivalente a dos vacas. La invención de Gutemberg abrió una nueva era, permitiendo una rápida y extensa difusión de las ideas y del saber en Europa.

Las armas de fuego

Otro sector en el que, durante el Renacimiento, se consolidó la supremacía europea fue el de las armas de fuego. Los términos arcabuz, chaira o carabina fueron acuñados entre el s. XV y el s. XVI, cuando tuvo lugar una notable mejora en la realización de las armas de fuego portátiles. Al principio, más que las exigencias militares, fue la creciente popularidad de la caza como actividad recreativa la que llevó a su realización. De hecho, los fusiles de los cazadores tenían que ser cómodos para embrazar y precisos en el tiro, mientras en batalla la precisión tenía poca importancia. Bastaba disparar al grupo, dado que las tropas venían en masa en formaciones cerradas. La verdadera gran dificultad técnica fue la de lograr realizar un cañón cuyo interior fuera totalmente liso o, mejor aún, uniformemente rayado. Esta última idea, cuyas ventajas para el proyectil eran ya conocidas en el Medievo, fue puesta en práctica en 1525. También los cañones se hicieron cada vez más potentes y precisos, imponiendo un radical y decisivo cambio en las técnicas y tácticas de combate tanto en tierra firme, como en el mar. Una innovación importante fue la posibilidad de cargar los cañones por su parte posterior y no por la boca. De este modo no era necesario ha-

cer retroceder los cañones emplazados sobre las naves antes de poderlos disparar. También a los chinos, que habían sido los inventores de las armas de fuego, les produjo un gran estupor cuando, en 1514, tuvieron la oportunidad de ver sus mares surcados por los veleros portugueses armados con cañones giratorios.

La navegación

Los navíos fueron otro de los puntos importantes en la expansión europea. En el transcurso del s. XV se desarrollaron en Europa embarcaciones capaces de afrontar la navegación oceánica: combinaban lo mejor de la tradición marinera mediterránea y de la nórdica. Estaban dotadas de tres mástiles con

La carabela

Con sus tres mástiles y el casco resistente permitió la navegación por los océanos. Cristóbal Colón, al mando de tres carabelas, realizó el viaje que, el 12 de octubre de 1492, le hizo atracar en América.

La brújula

Fue adoptada en el s. XII pero se perfeccionó en el siglo siguiente.

velas cuadradas nórdicas y velas latinas triangulares. El velamen fue perfeccionado en años sucesivos y se hizo cada vez más eficaz en el aprovechamiento de la fuerza del viento. Para orientarse en los océanos, los navegantes tuvieron que dotarse de nuevos instrumentos y conocimientos. En torno a la mitad del s. XV se introdujo el uso del cuadrante, para medir la altitud, y del astrolabio. La expansión oceánica de Europa fue tal que cambió el curso de la Historia. La mayor capacidad para el transporte y la velocidad de los nuevos navíos tuvo importantes consecuencias económicas y fueron empleados para explorar y conquistar territorios hasta entonces desconocidos.

El astrolabio
Permite medir la altura a la que se encuentran los astros. A partir del s. XI los árabes lo perfeccionaron y lo difundieron por Europa.

La corredera
A partir del s. XVI permitió a los navegantes medir la velocidad de las embarcaciones.

El nacimiento de la ciencia

El Renacimiento, por lo tanto, fue el período en el que se maduró el dominio europeo sobre el mundo, fundamentado en la primacía tecnológica. Pero, entre los s. XV y XVIII, Europa también se distinguió por un gran adelanto cultural. El hecho tal vez más importante de aquella época fue el nacimiento de la ciencia moderna, con la posibilidad de desarrollar aplicaciones tecnológicas. Hasta el fin del Medievo tardío el estudio de los fenómenos naturales y sus aplicaciones prácticas permanecían en dos sectores diferentes. Sólo en el s. XVII se difundió la convicción de que conocer la naturaleza podía significar controlar sus fuerzas y, por lo tanto, era necesario prepararse para construir máquinas capaces de explotarla. La revolución de la que fueron protagonistas el filósofo inglés Francis Bacon (1561-1626), el científico italiano Galileo Galilei, el filósofo francés René Descartes (1596-1650) y el científico inglés Isaac Newton marcó también la emancipación intelectual del mundo antiguo. Durante siglos la autoridad en física del filósofo griego Aristóteles (384-322 a.C.), en astronomía y en medicina de Ptolomeo (138-178) y de Galeno (129-201), todos de cultura griega, había sido absoluta. Con la introducción del método científico por parte de Galileo la validez de una teoría científica se basaría sólo en el resultado de observaciones y experimentos repetidos. La revolución científica no tuvo, sin embargo, repercusiones tecnológicas inmediatas y sólo la navegación consiguió mejoras con el nuevo modo de estudiar la naturaleza. Por el

EL EXPERIMENTO
Un plano inclinado permite a Galileo Galilei calcular la velocidad de caída de los cuerpos y formular sus teorías sobre el movimiento.

Isaac Newton
(1642-1727) Formuló la ley de la gravedad, que determina las reglas del movimiento de los planetas.

Galileo Galilei
(1564-1642)
Es considerado el padre del método científico.

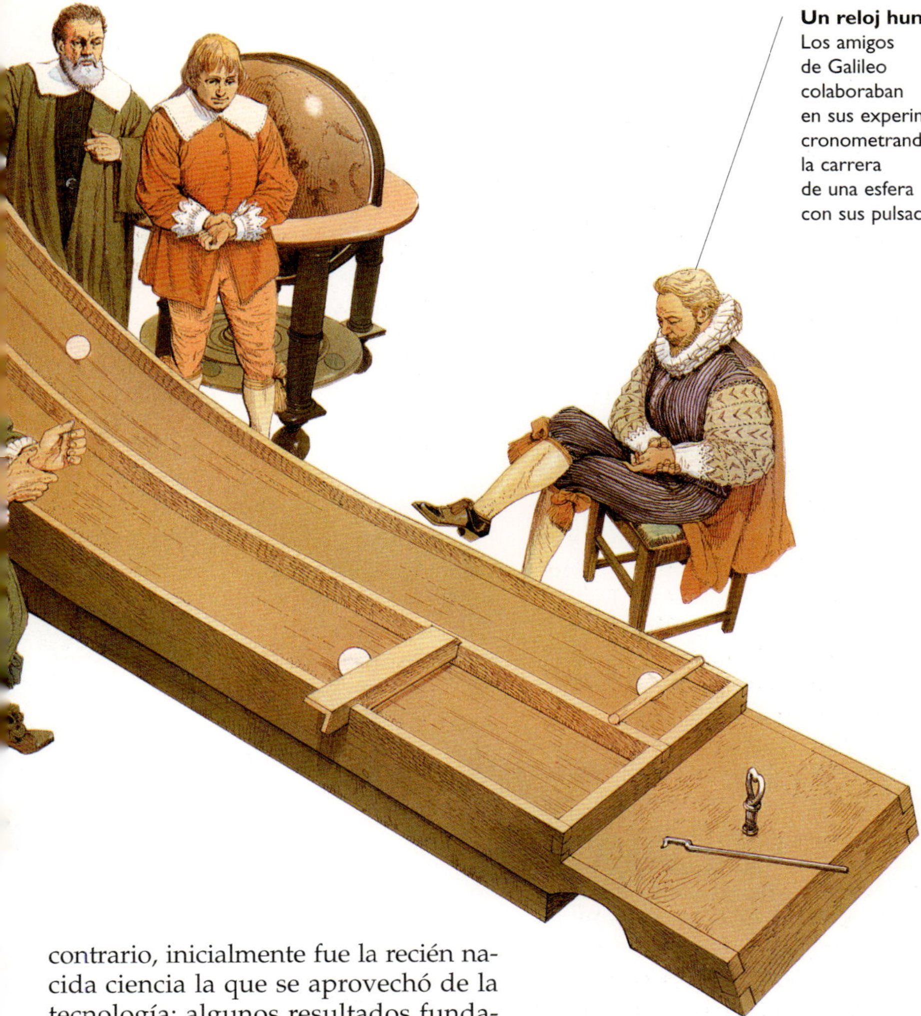

Un reloj humano
Los amigos de Galileo colaboraban en sus experimentos cronometrando la carrera de una esfera con sus pulsaciones.

contrario, inicialmente fue la recién nacida ciencia la que se aprovechó de la tecnología: algunos resultados fundamentales fueron obtenidos gracias al uso de instrumentos de precisión construidos para la ocasión. El descubrimiento de las lunas de Júpiter, por ejemplo, no hubiera ocurrido si Galileo no hubiese construido su telescopio. A pesar de los grandes resultados de la ciencia pura, la tecnología del s. XVI y XVII no se diferenció sustancialmente de la de las épocas precedentes.

Los nuevos conocimientos penetraron con lentitud en la sociedad europea, pero prepararon el terreno a un evento que acrecentaría durante siglos el dominio de esta sobre el resto del mundo: la Revolución Industrial.

La Revolución Industrial

En el s. XVIII, en Inglaterra, la acumulación de capitales y la ciencia aplicada a la tecnología iniciaron un proceso de desarrollo que llevaría a Europa y después, a otras partes del mundo, a una prosperidad nunca antes conocida.

La tecnología europea había hecho grandes avances durante el Medievo y el Renacimiento. Aun así, en la primera mitad del siglo XVII, la economía de Europa se basaba exclusivamente en la agricultura y el artesanado. Sin embargo, a partir de 1750, tuvo lugar una evolución de las técnicas tan vasta que repercutió profundamente en todos los aspectos de la civilización y transformó la economía europea que desde entonces quedó dominada por la industria y la producción mecánica. El hombre europeo pasó de ser pastor-agricultor-artesano a ser un usuario de máquinas que funcionan gracias a energías inanimadas. La Revolución Industrial tuvo su inicio en Inglaterra en el s. XVIII y se difundió muy rápidamente por otros países del continente europeo.

¿Por qué precisamente en Inglaterra y en aquel período? Los historiadores que se

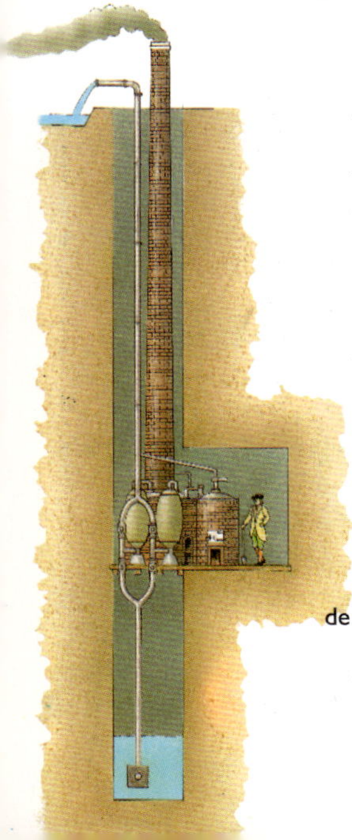

El amigo del minero
Era una caldera que transformaba el agua en vapor.
Con el enfriamiento rápido se hacía condensar el vapor.
Esto provocaba el vacío y, por lo tanto, la aspiración del agua subterránea.

La máquina de Watt
La más eficiente de las máquinas de vapor desarrollaba una potencia dos veces superior a las precedentes.

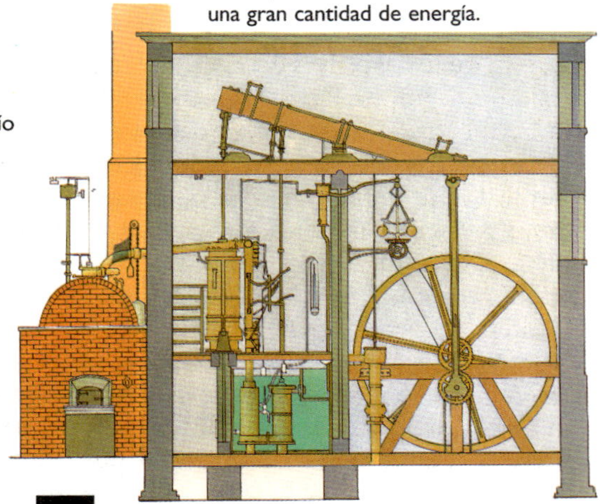

La máquina de vapor
Es el símbolo de la Revolución Industrial: por primera vez pone a disposición del hombre una gran cantidad de energía.

La máquina de Newcomen
La presión atmosférica empujaba un émbolo hacia abajo que condensaba el vapor. A cada movimiento del émbolo la bomba llevaba a la superficie 45 litros de agua.

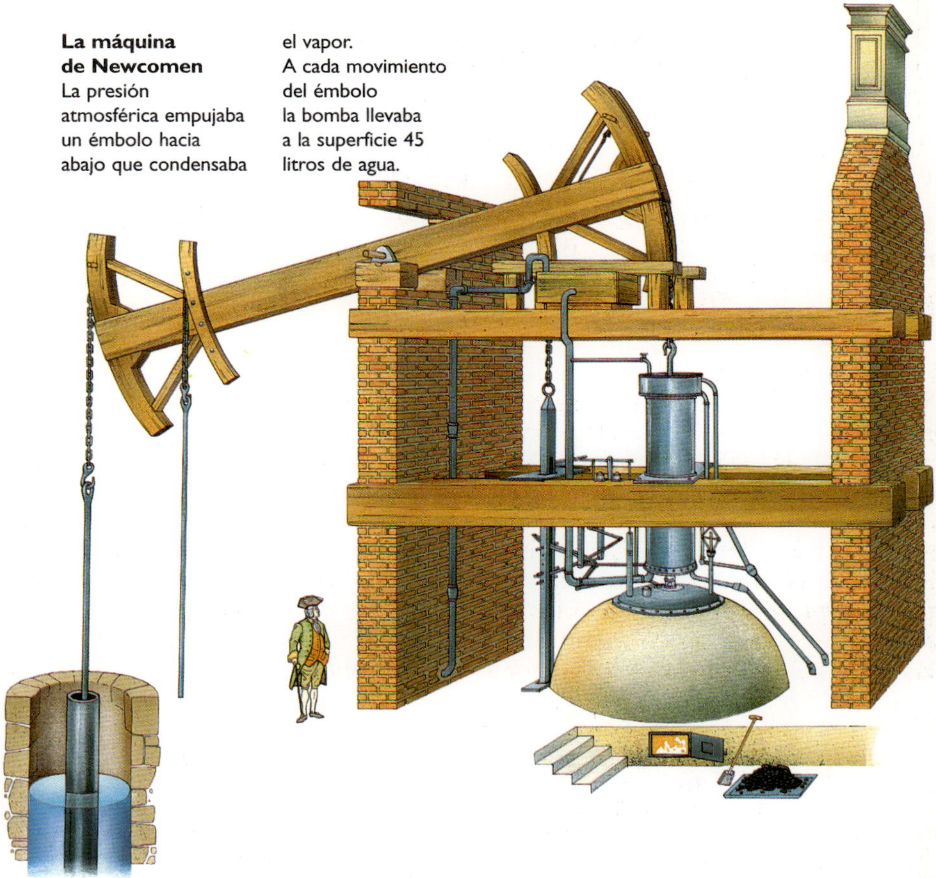

ocupan de los aspectos económicos han indicado múltiples factores. La rentabilidad de la agricultura, favorecida por innovaciones jurídicas y técnicas, había aumentado la capacidad de inversión también hacia el sector de las manufacturas y de las emergentes fábricas; la presencia de mano de obra cualificada; el ya sólido poderío de Inglaterra en el mundo y la riqueza que de esto derivaba; el hecho de que Gran Bretaña representase un mercado relativamente unificado en el que las personas y las mercancías podían circular fácilmente estimulando así la demanda y la circulación; una legislación que tendía a proteger los derechos y los beneficios de las invenciones; la gran disponibilidad de carbón, principal carburante de la Revolución Industrial, y la gran facilidad para transportarlo desde los lugares de extracción gracias a la presencia de vías marítimas y fluviales navegables: la Revolución Industrial, como vemos, tuvo una serie de causas que excavaron muy pronto un surco entre aquel país y el resto de Europa.

Desde el punto de vista de las innovaciones tecnológicas, la industrialización afectó, sobre todo, a tres sectores: la energía animal y humana fue sustituida por la inanimada gracias a la máquina de vapor; mejoraron los sistemas de extracción y elaboración de las materias primas; en fin, muchos trabajos que antes se confiaban a la habilidad del hombre fueron realizados por las máquinas.

La máquina de vapor

Como se ha visto, entre el s. XVII y el s. XVIII la ciencia había asumido un papel creciente en la sociedad europea. El estudio y la comprensión de los fenómenos naturales ya no eran privilegio exclusivo de los filósofos, sino que entraron a formar parte del bagaje cultural de los

El telar mecánico de Jacquard
Constituyó un paso importantísimo hacia la automatización de la producción textil. El dibujo del tejido a realizar se programaba en fichas perforadas que controlaban el trabajo de la máquina. En tan sólo once años, entre 1800 y 1811, Francia fue invadida por once mil máquinas de este tipo que necesitaban únicamente un operario para funcionar.

que debían inventar nuevos instrumentos y nuevas máquinas. Claro ejemplo de ello es la máquina a vapor. El primer paso hacia su realización fue el descubrimiento de la existencia de la presión atmosférica por parte del científico italiano Evangelista Torricelli (1608-1647). El problema de partida fue extremadamente práctico: los técnicos del gran ducado de Toscana no conseguían extraer con una bomba aspirante el agua que se encontraba a 15 metros de profundidad. Torricelli comprendió que debían vencer la fuerza del estrato de aire que estaba sobre la Tierra, una fuerza capaz de hacer elevarse al mercurio en un tubo de 76 centímetros de altura. El descubrimiento de Torricelli dio paso a una serie de experimentos sobre las propiedades de la presión atmosférica y del vacío. Es célebre un físico alemán llamado Otto von Guericke (1602-1686), el cual, en 1654, demostró que la fuerza de 16 caballos no era suficiente para separar las dos mitades de una esfera en cuyo interior se había hecho el vacío. Muchos comprendieron que si el vacío podía ser creado repetidamente, entonces la presión atmosférica podría representar una nueva forma de energía.
La primera máquina de vapor verdaderamente útil fue construida en 1698 por el ingeniero inglés Thomas

LAS MINAS
Extraer los metales y, sobre todo, el carbón del subsuelo era estratégico para el desarrollo industrial. Un trabajo masacrante para el cual se utilizaban también muchachos encargados del transporte de los vagones.

Savery y servía para elevar el agua que se estancaba en las minas; por eso era llamada «el amigo de los mineros». En el mismo período, Thomas Newcomen ideó una máquina que, basándose en los mismos principios, era más práctica y segura. Los progresos fueron continuos y también, en algunos casos, determinantes para el futuro de esta invención.
La máquina de vapor aún se vincula al nombre del escocés James Watt (1736-1819) que, con una serie de medidas, aumentó el rendimiento más de cuatro veces.

La difusión de las máquinas

La máquina de Watt consiguió la transformación de la energía química del carbón en energía mecánica: la presencia de depósitos de carbón fácilmente accesibles fue, por lo tanto, de gran importancia para el desarrollo industrial inglés.
La Revolución Industrial supo preparar un círculo vicioso entre invenciones y producción. El uso de la máquina de vapor, de hecho, imponía el aumento de la producción de combustible, suministraba energía inanimada a bajo precio y facilitaba las operaciones de extracción de los minerales (incluido el carbón), permitiendo así un incremento de la industria de extracciones y, en particular, de la metalúrgica.
Todos los campos productivos se favorecieron de la introducción de nuevas máquinas que aumentaban el rendimiento y reducían el esfuerzo de los trabajadores. En el sector textil, por ejemplo, los progresos fueron asombrosos. Desde la Prehistoria habían sido los de-

La rotación Norfolk
Consistía en alternar en los mismos terrenos, durante un ciclo de cuatro años de duración, cultivo de renovación (tipo nabos, maíz, patatas, cáñamo, tomates...), cultivo de pastos que fortalecían la fertilidad del terreno (trébol) y cultivo de explotación (grano, cebada...).

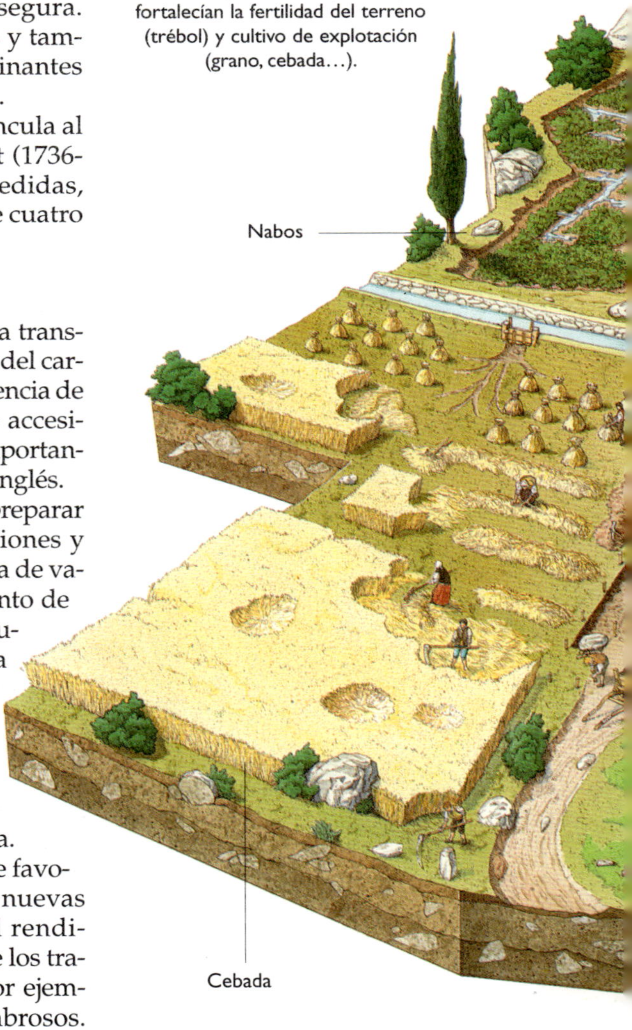

dos de las mujeres los que transformaban en hilo las informes madejas de lana. Hubo que esperar hasta 1738 para que alguno sugiriese que el mismo resultado podía ser obtenido mediante dos rodillos. También los primeros autómatas hicieron su aparición en las fábricas de tejidos. El telar introducido por el francés Joseph Marie Jacquard en 1801 funcionaba como un primitivo ordenador. La información relativa al dibujo de la tela se memorizaba en fichas perforadas y el telar trabajaba así, de manera automática, sin necesidad de intervención por parte de los operarios. El aumento de la producción industrial no fue inmediato y espectacular como se podría imaginar; lo será sólo después de 1820. De todas formas, desde hacía tiempo, gracias a la creciente productividad agrícola y, en parte, a los efectos de la primera Revolución Industrial, se registraba un notable aumento de la población. La de Europa (Rusia excluida) pasó de 120 millones en 1750 a 210 millones en 1850. Para saciar el hambre de todos estos nuevos europeos también la agricultura debía producir más. Durante la segunda mitad del s. XVIII, en Gran Bretaña, se extendió la alternancia de cultivos en cuatro períodos, conocida como «rotación de Norfolk», la cual, posteriormente, hizo crecer el rendimiento de los campos, que ya era elevado desde hacía decenios. Las fortunas provenientes de la agricultura se invirtieron en la industria, dando lugar al retorno de los beneficios. Entre finales del s. XVIII y el inicio del s. XIX, se produjo todo un florecimiento de apara-

La tocadora de tímpano
Es un autómata del 1785. Se ven los cilindros dentados y los álabes, los dos dispositivos que dirigen el movimiento.

tos mecánicos que abrían la tierra, sembraban, segaban y trillaban.

La pasión por los mecanismos de todo tipo fue una de las características de la Revolución Industrial. Ya en épocas anteriores, Leonardo había imaginado y proyectado máquinas complejas. Pero sólo a partir de 1750 se dispuso de las materias primas y la energía necesarias para construirlas.

A pesar del éxito de la máquina de vapor, la principal fuente de energía en Gran Bretaña estuvo representada por

La rueda hidráulica
Transformaban las corrientes de agua en energía mecánica. Pero servían también para abastecer de agua potable a las ciudades.

El mecanismo
Es el del autómata que toca el clavicémbalo, construido por Henry Louis Droz.

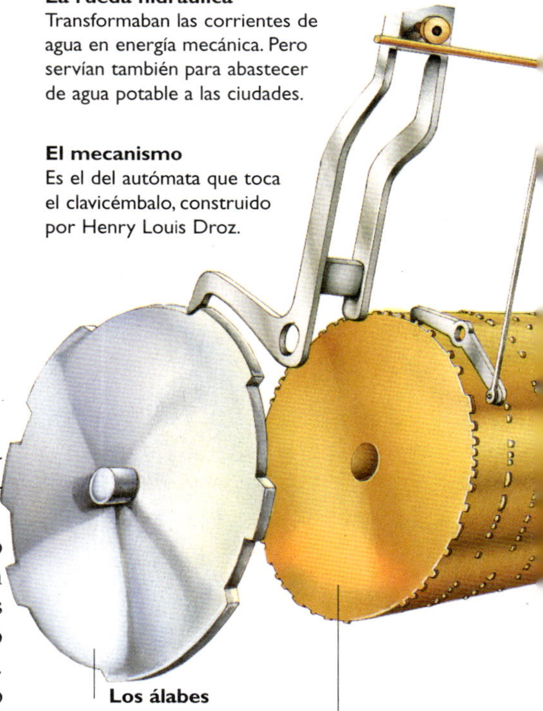

Los álabes
Discos de forma irregular, accionan el movimiento del brazo, hacia la derecha o hacia la izquierda.

El cilindro dentado
Acciona el mecanismo de los dedos.

las corrientes de los ríos. Generaciones enteras de ingenieros se dedicaron, con sus ruedas gigantescas, a sacar energía de cada gota de agua en movimiento. Algunos de sus colegas, en cambio, se dedicaron a proyectar máquinas y utensilios, fundamentales en el desarrollo de la economía industrial. Por ejemplo, con un tornillo se fabrica un destornillador con el que se pueden ensamblar las distintas piezas de un automóvil. Hasta 1775 los utensilios eran más o menos los mismos que los de los artesanos medievales; en 1850 todas las máquinas-utensilios modernos, desde el torno a la máquina de cepillar, habían sido inventadas. Además, los mecanismos y las máquinas fueron también los protagonistas de una verdadera moda. Muñecas mecánicas e instrumentos musicales automáticos se exhibían en los salones de la nobleza y la emergente

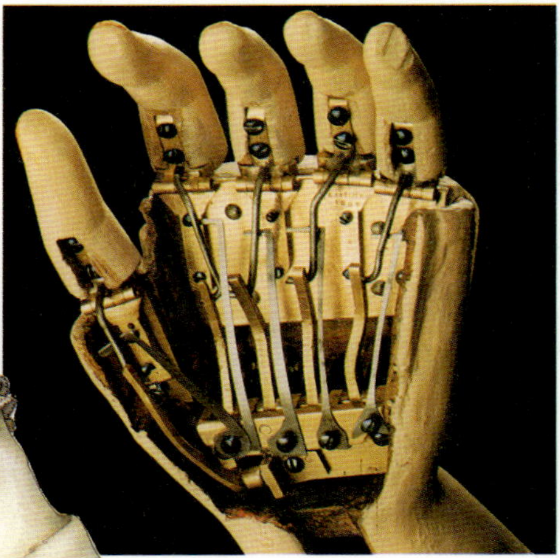

La mano
El mecanismo de la mano es la parte terminal del autómata.

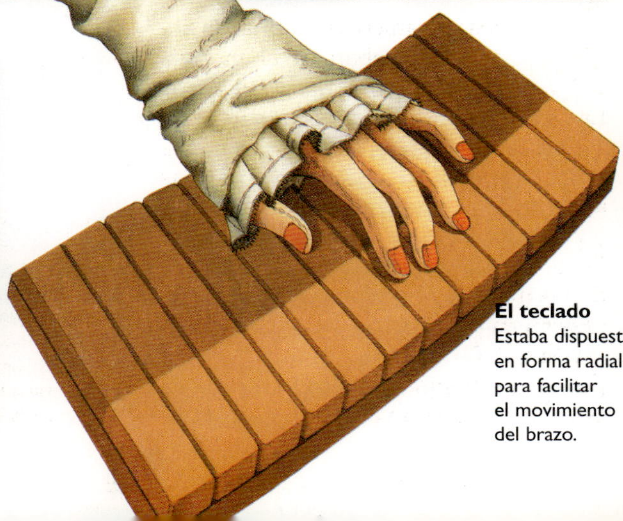

La muñeca que sirve el té
Es un autómata japonés que testimonia la difusión de la pasión por los aparatos mecánicos en el s. XVIII.

El teclado
Estaba dispuesto en forma radial para facilitar el movimiento del brazo.

burguesía: una moda en consonancia con el espíritu de la época. Por otra parte, filósofos como Descartes habían expuesto la hipótesis de que los seres vivos fuesen comparables a aparatos mecánicos particularmente sofisticados.

La Royal Society y l'Encyclopédie

La concepción mecánica del mundo fue reforzada por instituciones que tenían como finalidad el progreso de la ciencia y la difusión de la cultura científica en la sociedad. La Royal Society, primera sociedad científica europea, fue fundada en Londres en 1660: contribuyó al nacimiento de una cultura tecnológica basada más en los conocimientos científicos que en la experiencia acumulada por generaciones de artesanos. Reunió a su alrededor una nueva sociedad de hombres interesados por la física y sus aplicaciones y estimuló la publicación de descubrimientos científicos y técnicos. Con el paso del tiempo, la difusión del saber científico y de sus aplicaciones adquirió también un valor filantrópico. El conde Rumford, por ejemplo, propuso en 1796 fundar un hogar para pobres unido a una institución capaz de producir y difundir nuevos inventos.

En los años de la Revolución Francesa se difundió aún más la convicción de que la ciencia y la técnica serían capaces de liberarnos de los trabajos fatigosos. A ello había contribuido la obra de los enciclopedistas franceses. La famosa *Encyclopédie*, dirigida por Denis Diderot y Jean D'Alembert, estaba caracterizada por el racionalismo típico del Iluminismo y, gracias a su exhaustividad, puso orden en la ciencia y la técnica de la época. Pero

La Royal Society Organizó exploraciones a todos los lugares del mundo. Es famosa la de 1768 al Océano Pacífico dirigida por James Cook.

Diderot y D'Alembert Codificaron en los volúmenes de su *Encyclopédie*, publicada en 39 tomos, entre 1751 y 1772, todo el saber científico y tecnológico de la época.

ciencia y técnica no fueron sólo un interés de los intelectuales de moda: se hicieron también materias de estudio. Incluso se crearon escuelas específicas para futuros matemáticos e ingenieros. El ejemplo más célebre es el Politécnico de París, fundado en 1794.

De este modo, la ciencia moderna, nacida con Galileo, llegó a los bancos de escuela. Las invenciones ya no dependían de un golpe de suerte o de una idea genial, sino del estudio de los fenómenos naturales. La Revolución Industrial había ratificado la unión entre ciencia y técnica. Una unión que daría sus mejores frutos a partir de la segunda mitad del s. XIX.

La edad del optimismo

El teléfono, la iluminación eléctrica, el tren y el automóvil aparecieron en la segunda mitad del s. XIX, cambiando el modo de vivir de europeos y americanos: era la segunda Revolución Industrial, que prometía progreso y bienestar ilimitados.

En 1851 tiene lugar en Londres una gran exposición internacional donde se presentan los objetos más vanguardistas. Ningún otro evento representó mejor el gran optimismo que la explosión de la ciencia y la tecnología difundió en Europa. Visitando la exposición, hombres de diversas clases sociales comprendieron cuáles eran las posibilidades de la recién nacida era industrial. En particular los ciudadanos británicos se dieron cuenta de que pertenecían al país industrial más importante del mundo. Incluso la reina Victoria se maravilló con los éxitos conseguidos por sus súbditos en la técnica y felicitó a su hijo, que era uno de los organizadores: «Dios bendiga a mi querido Alberto y a mi querido país, que se ha manifestado tan grande». Pero, ¿qué había de tan admirable en la exposición de Londres en 1851? Según los informes de la época resulta evidente que en aquella ocasión se presentaron los mejores frutos

Las redes telefónicas
Las primeras aparecieron en Gran Bretaña, en las grandes ciudades, durante la segunda mitad del s. XIX. Los primeros teléfonos tenían dos componentes, uno para hablar y otro para escuchar. Una operadora ponía en contacto a los diversos usuarios.

de la Revolución Industrial: de las máquinas-utensilios a las segadoras, de los relojes a las máquinas de coser.

En la mitad del s. XIX todo ciudadano que conociese las metas alcanzadas por la tecnología no podía sino imaginar un futuro hecho de continuos progresos, con máquinas que facilitarían todo tipo de trabajos y harían más confortables las simples actividades cotidianas. Y, en efecto, fue justamente en torno a 1850 cuando las innovaciones tecnológicas sufrieron una aceleración implicando a Francia, Prusia y, sobre todo, a Estados Unidos. Hasta entonces el vínculo entre ciencia y tecnología, verdadero secreto de la Revolución Industrial, había

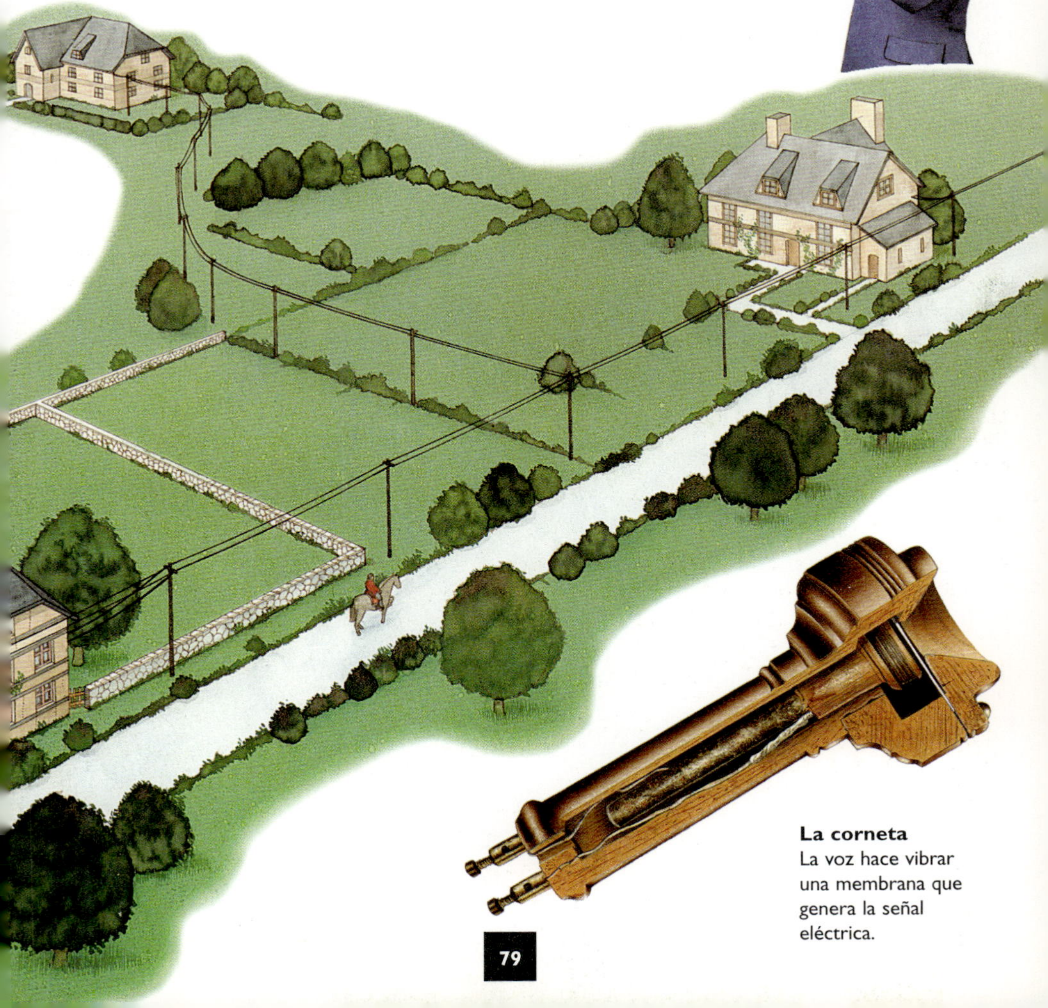

La corneta
La voz hace vibrar una membrana que genera la señal eléctrica.

dado resultados importantes pero esporádicos. A partir de 1850 la ciencia y los científicos se hicieron cada vez más importantes para la transformación tecnológica, hasta casi asumir su dirección. El aprovechamiento de la energía hidráulica y de la química, por ejemplo, dependieron fundamentalmente de los progresos científicos. La enseñanza jugó un papel esencial. Durante la segunda mitad del s. XIX el grado de progreso tecnológico de cada nación dependía del número de científicos y técnicos de que disponía y del nivel medio de instrucción de su población. Este conjunto de fenómenos, por el impulso que dio y las transformaciones que provocó en la sociedad, ha sido comparado al fervor de la época de la Revolución Industrial del s. XVIII. También por eso este período ha sido definido por muchos estudiosos como la «era de la segunda revolución industrial».

Mientras que los del s. XVIII habían sido los años de la mecanización de la industria textil, de las máquinas de vapor y del hierro colado, en cambio, la última veintena del s. XIX se caracterizó por el acero, la química, el petróleo, la electricidad y la tecnología puesta al servicio de la vida cotidiana.

LOS SERVICIOS HIGIÉNICOS

En el transcurso del s. XIX algunas ciudades europeas como Londres comenzaron a equiparse con sistemas de alcantarillado que recogían las evacuaciones de los pisos particulares, haciéndolas confluir en grandes conductos subterráneos.

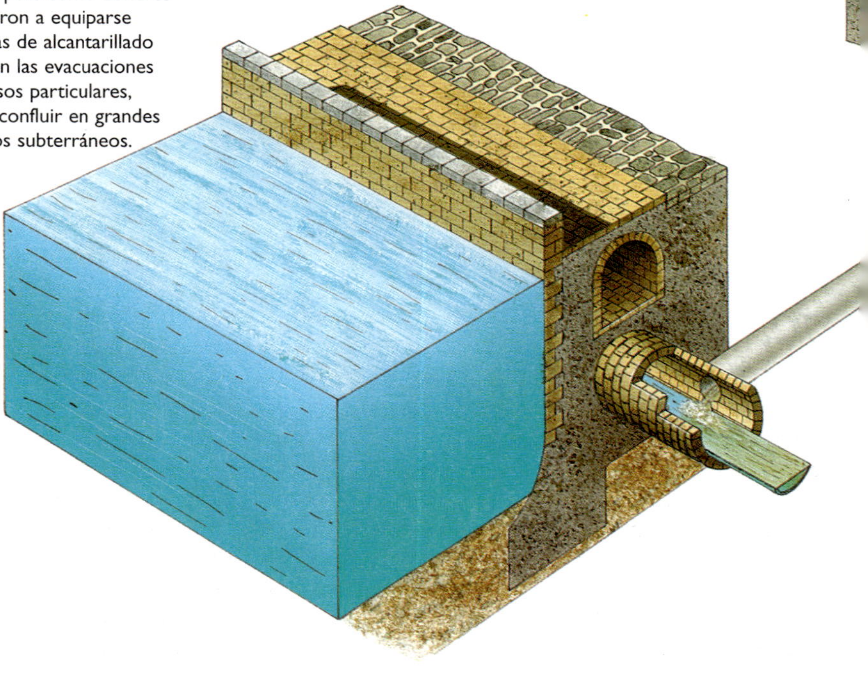

El retrete
Lo había inventado en 1778 el inglés Joseph Bramah, las evacuaciones eran a menudo recogidas al lado de los edificios en grandes fosas que eran vaciadas cada día.

El agua corriente
La mejora de las condiciones higiénicas contribuyó también a la difusión del agua corriente en las casas, y a la de lavabos y bañeras cada vez mejores: primero en metal; después, hacia el final del s. XIX, en cerámica.

La electricidad

Al inicio del s. XIX la electricidad era sólo una curiosidad científica. Sin embargo, gracias a investigaciones y experimentos se convirtió en una forma de energía utilizable, primero en las comunicaciones, poco después en las industrias metalúrgica y química y, finalmente, en la iluminación pública.
Los descubrimientos fundamentales fueron hechos por científicos de diversas nacionalidades. Destacan el americano Benjamin Franklin, el italiano Alessandro Volta y, sobre todo, el británico Michael Faraday, el primero en comprender, en 1831, que existía una relación entre los campos magnéticos y las corrientes eléctricas.
Esta intuición, unida al progreso de las máquinas de vapor, dio vía libre a la construcción de generadores mecánicos de electricidad que se basaban en el

principio de la dinamo de una bicicleta actual.

La llegada de la corriente eléctrica modificó el sector de las comunicaciones antes que ningún otro. De hecho, ya en 1837, dos inventores ingleses, William Cooke y Charles Wheatstone, patentaron un telégrafo que mediante la electricidad tendría que poner en comunicación las estaciones ferroviarias de Gran Bretaña. Pero el telégrafo, que también tuvo un gran éxito, transmitía sólo una serie de pitidos. Hubiera sido mucho más práctico un aparato que, a través de la electricidad, hubiese transferido palabras. Las primeras tentativas de realizar un teléfono se remontan a 1861, cuando J. Philipp Reis expuso uno, poco más o menos como un juguete, en Frankfurt. El que se convertiría en uno

El cinematógrafo de los hermanos Lumière
La primera patente fue presentada en Francia el 13 de febrero de 1895.

La primera proyección
El 28 de diciembre de 1895, entre las 33 personas que tuvieron el privilegio de asistir a la primera proyección cinematográfica de la historia, *La llegada del tren a la estación*, muchas se asustaron temiendo que el tren pudiese embestirles. Una semana más tarde los espectadores serían más de dos mil.

de los medios de comunicación más usado en el mundo fue, en cambio, patentado por A. Graham Bell en 1876, a pesar de una disputa sobre la paternidad de la idea con el italiano Antonio Meucci, que concluyó en 1886 con una sentencia de la Corte Suprema de los Estados Unidos a favor del propio Meucci. El éxito del teléfono fue inmediato: en 1878 se lanzó en Inglaterra el primer aparato comercial y al año siguiente se instaló en Londres la primera central telefónica, que permitía clasificar las llamadas entre diversos usuarios.

La vida cotidiana

Desde la antigüedad, todos los esfuerzos tecnológicos se volcaban en satisfacer las exigencias más comunes de las comunidades de seres humanos: defen-

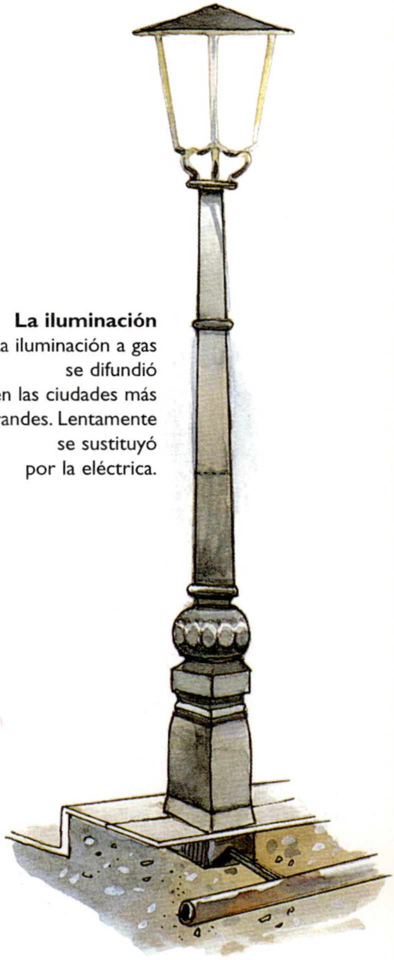

La iluminación
La iluminación a gas se difundió en las ciudades más grandes. Lentamente se sustituyó por la eléctrica.

derse de los enemigos, procurarse la mayor cantidad de alimento con el menor desgaste físico, construir viviendas que protegiesen del mundo externo… Las posibilidades ofrecidas por la segunda revolución industrial iban bastante más allá del cumplimiento de las necesidades primarias. Inventores y científicos pensaban en hallazgos que hiciesen la vida cada vez más placentera y confortable, especialmente en las ciudades.

Se realizaron grandes progresos en el sector de la higiene pública, pero las ciudades del mundo industrializado además de más limpias se hicieron menos oscuras de noche: las lámparas de gas, inventadas en 1797 por el ingeniero francés Philippe Lebon, se difundieron rápidamente y se utilizaron hasta el inicio del s. XX.

Como ya hemos dicho, el s. XIX fue también el siglo de la iluminación eléctrica. La invención crucial fue la de la lámpara de filamentos incandescentes (1880) de Thomas Alva Edison. Con la iluminación pública nacía una demanda que sólo podía ser satisfecha por un sistema centralizado de generación y distribución de la energía. La primera central eléctrica pública de Europa fue construida en Godalmig, Inglaterra, por los hermanos Siemens en 1881. En los siguientes quince años surgieron otras en toda Europa occidental, alguna de ellas con equipos y métodos de transmisión propios.

Nacieron nuevas formas de entretenimiento y de expresión artística.

Cuando, en 1839, se conoció el invento de la fotografía, el pintor Paul Delaroche exclamó: «¡A partir de hoy la pintura ha muerto!». Se trató de una previ-

Las locomotoras
Entre 1850 y 1870 fueron construidas en Europa 50 000 millas de nuevos ferrocarriles (frente a las15 000 de todos los años precedentes).

La emigración
Millones de europeos vieron en el barco de vapor el medio para escapar de la pobreza. América era el continente de las oportunidades laborales.

sión errónea, pero, ciertamente, el fiel registro de las imágenes en las placas o en las películas ha tenido tantas y tan variadas aplicaciones, así en la ciencia como en el arte o el comercio, que puede ser considerado un cambio histórico. Se puede hacer un discurso análogo para el cine, que nació a finales del s. XIX. El primer objeto en movimiento fue fotografiado repetidamente en la misma placa en 1874, y la primera película fue proyectada públicamente en París en 1895.

Las distancias se acortan

Las innovaciones tecnológicas más revolucionarias del s. XIX se refieren al transporte de personas, de mercancías, de materias primas y de energía. Un pa-

Los grandes navíos
Acrecentaron la importación de materias primas. Por ejemplo, entre 1840 y 1870, en Gran Bretaña se incrementó la importación de lana doscientas veces.

La potencia
Un piróscafo podía desarrollar en 1893 una potencia igual a 60 000 caballos de vapor. En 1829, el primer barco de vapor desarrollaba sólo sesenta.

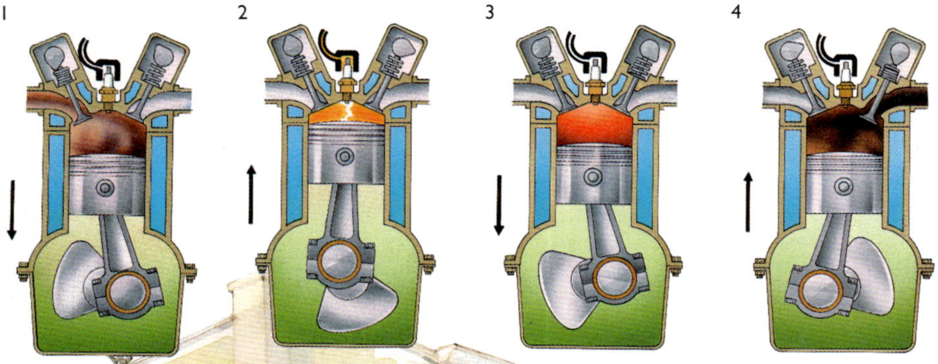

Karl Benz
Su triciclo a motor se presentó en público el 3 de julio de 1886. El éxito comercial fue tal que, en 1901, se habían vendido cientos de ejemplares.

El triciclo
Podía desarrollar una velocidad máxima de trece kilómetros por hora.

El motor de gasolina
Tiene un ciclo de funcionamiento en cuatro fases: 1) Expansión: el pistón desciende y aspira la gasolina que entra en el cilindro. 2) Compresión: las válvulas se cierran y el pistón sube. 3) Explosión: la chispa enciende la mezcla de carburante y empuja hacia abajo el pistón. 4) Evacuación, las válvulas se abren: el pistón arranca y expulsa los restos de la combustión.

pel básico lo desarrolló la máquina de vapor, perfeccionada y reducida de modo que fuera un práctico motor para trenes y barcos. En el transporte marítimo la vela cedió el puesto a la máquina de vapor a partir de 1838, año en el que demostró ser adecuada para el servicio transatlántico. Hasta 1890 los veleros continuaron dominando los mares, pero las máquinas de vapor hicieron incomparables progresos en la potencia suministrada. La consecuencia inmediata fue el aumento de las materias primas importadas de territorios muy lejanos y la posibilidad de que grandes cantidades de personas viajasen por todo el mundo.
Hacia finales de siglo el tren ya se había convertido en el medio de transporte más utilizado: la ramificación de las redes ferroviarias contribuyó a modificar los consumos de las poblaciones europeas. Al unir las tierras del interior con los principales puertos, se hizo posible el aumento y la diversificación de los suministros alimenticios europeos.
El final del s. XIX vio el nacimiento del automóvil. Ciertamente, los primeros ejemplares recordaban más a una locomotora que a un coche moderno: no tenían un motor de gasolina sino una caldera y andaban gracias a la fuerza del vapor. Sin embargo, quedó claro rápidamente que el vehículo del futuro no estaría movido por el vapor. El antepasado del automóvil moderno fue obra del alemán Karl Benz que, en 1885, construyó un vehículo ligero de tres ruedas accionado por un motor de gasolina. En 1893 añadió una cuarta rueda y este modelo tuvo un notable éxito comercial. Otro inventor alemán, Gottlieb

Daimler, aportó modificaciones fundamentales al motor de explosión y produjo automóviles de éxito. En los Estados Unidos, Henry Ford había trabajado durante seis años en la idea de un carro sin caballos. En 1896 construyó y probó su primer automóvil, que alcanzó la velocidad de 48 kilómetros por hora.

En 1900, es decir, sólo unos pocos años después de la introducción de los primeros modelos fiables, había nueve mil automóviles en circulación en Europa.

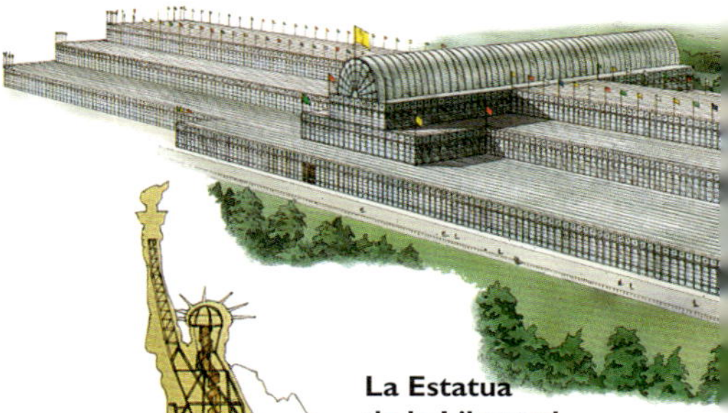

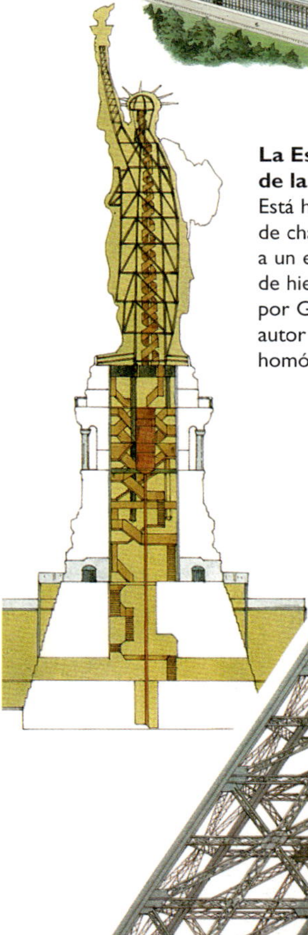

La Estatua de la Libertad
Está hecha con placas de chapa fijadas a un esqueleto de hierro proyectado por Gustave Eiffel, autor de la torre homónima.

La edad del hierro y del acero

El hierro y el acero estuvieron entre los protagonistas de la explosión tecnológica que se verificó a partir de 1850. Nos referimos a los barcos de vapor ya descritos, que en un principio tuvieron los cascos de hierro y posteriormente de acero, o a la telaraña de raíles que envolvió Europa. Pero fue en la arquitectura donde el hierro y el acero se emplearon del modo más espectacular e innovador, a menudo para construir edificios cuya única finalidad era asombrar por sus dimensiones y atrevida estructura. La Torre Eiffel, erigida en París con ocasión de la Exposición de 1889, fue construida empleando 7 300 toneladas de hierro. También la Exposición de Londres de 1851 había tenido un edificio símbolo en el que se había utilizado gran cantidad de hierro. Los organizadores de la Exposición necesitaban una construcción grandiosa pero que pudiese ser desmontada al término de la exhibición. El constructor de invernaderos Joseph Paxton ganó el concurso proponiendo un edificio de hierro y cristal de una longitud de casi seiscientos metros.

El Christal Palace
Erigido en un parque de Londres fue proyectado incluso para alojar árboles de mucha altura.

Pero el hierro, incluso siendo uno de los materiales más utilizados, se deterioraba fácilmente. Lo ideal hubiera sido usar el acero, muy costoso pero bastante más resistente. La principal diferencia entre los dos metales está en la diferente cantidad de carbono que contienen. Fue en 1857 cuando los dos inventores Henry Bessemer y William Kelly idearon, de manera independiente, un proceso barato para enriquecer el hierro con carbono y transformarlo en acero. Desde aquel momento tuvo su despegue esta industria. Gran Bretaña, sólo en 1879, produjo más de un millón de toneladas.

La Torre Eiffel en construcción
Con 294 metros de altura, es la construcción en hierro más grande de la historia.
Se necesitaron 5 000 hojas de papel para protegerla
y tres años de trabajo, entre 1886 y 1889, para construirla.

Las nuevas máquinas

Entre los grandes éxitos de la tecnología del s. XIX figuran una serie de maquinarias más o menos complejas. Algunas, empleadas en sectores fundamentales como la agricultura, tuvieron un impacto inmediato en la vida de los hombres y en sus actividades productivas. La segadora mecánica de Cyrus McCormick, por ejemplo, fue inventada en 1832 y, rápidamente, empleada en gran parte de los Estados Unidos. En otras partes, la ausencia de campos vastos y llanos como los americanos y la resistencia del mundo campesino retardaron la adopción de estas máquinas.

La lentitud en la difusión de las máquinas en la agricultura está también justificada por la poca accesibilidad de las fuentes de energía. Mientras las fábricas disponían de motores a vapor para accionar sus propias maquinarias, las cosechadoras aún debían ser tiradas por caballos. Sin embargo, aunque lentamente, nuevas herramientas de acero, cosechadoras a vapor, sembradoras y segadoras mecánicas se difun-

Charles Babbage
(1792-1871)
Su calculadora mecánica contenía 5 000 ruedas dentadas.

La segadora
Dos series de cuchillas triangulares, puestas en la parte anterior, se cruzan cortando el grano.

dieron por los campos aumentando su producción.
Otra máquina que hemos heredado del s. XIX es la de coser. Las tentativas de reproducir mecánicamente el movimiento de la mano al coser fueron numerosas. En la primera mitad del siglo se inventaron unas diecisiete máquinas de coser diferentes, pero ninguna funcionaba bien. El americano Isaac Merrit Singer las perfeccionó y produjo ejemplares que se accionaban apretando un pedal. El éxito fue clamoroso: Singer produjo 2 200 máquinas de coser en 1853 y 500 000 en 1870. En la misma época se patentaba la máquina de escribir. La sociedad americana Remington adquirió la patente en 1874 y dio la salida a la producción industrial de este nuevo instrumento que cambiaría radicalmente el trabajo de los empleados.
Hubo también quien proyectó máquinas de calcular sin mucho éxito. Es el caso de Charles Babbage, matemático inglés que invirtió toda su fortuna en la realización de un antepasado mecánico de los modernos procesadores electrónicos.

El siglo de la ciencia

La ciencia y la técnica ya no se confían sólo a la genialidad del inventor, sino también a las investigaciones financiadas por Estados y grupos industriales. El éxito de la ciencia camina de puntillas por la sutil línea que separa el bienestar de la catástrofe.

El s. XX anticipa desde sus comienzos su tendencia científica. La radio y el primer vuelo de un avión con motor son las primeras novedades del siglo. La ciencia es, principalmente, la gran protagonista de la nueva era. Los científicos europeos producen, en pocos años, una impresionante serie de descubrimientos. Algunos por vía experimental, otros a través del procedimiento teórico. Nace así la física teórica de la que Albert Einstein es el gran protagonista. En 1905 el joven científico formula la teoría de la relatividad y en 1915 la de la relatividad general. Él se convierte en el símbolo del siglo, influye en la cultura, contribuye a modificar la imagen que tienen los hombres de la ciencia y del mundo y determina algunas de las premisas teóricas sobre las que se desarrollará la revolución tecnológica del siglo. El s. XX ha visto nacer la mecánica cuántica, una teoría que desveló definitivamente los secretos del átomo y sus componentes. Además de las grandes teorías, en el s. XX ha habido numerosos descubrimientos científicos que han permitido la

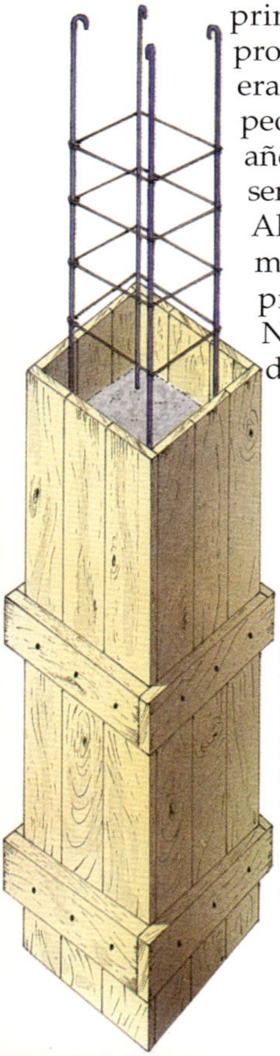

El cemento armado
Un esqueleto de hierro da resistencia y elasticidad al cemento, el material que más ha condicionado la arquitectura del s. XX.

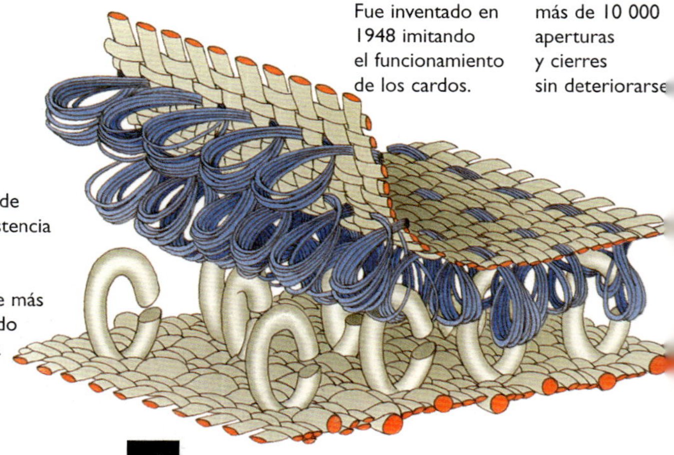

El velcro
Fue inventado en 1948 imitando el funcionamiento de los cardos. Puede soportar más de 10 000 aperturas y cierres sin deteriorarse

revolución tecnológica cuyos frutos estamos recogiendo en la actualidad.
Empleadas para el progreso pero también para la destrucción de la humanidad, ciencia y tecnología avanzan siempre al mismo paso: el nuevo escenario es la *Big sciencie*, es decir, la unión de los esfuerzos y de los talentos de los numerosísimos científicos y técnicos organizados por los ambiciosos programas de las potencias mundiales. La otra gran novedad de la tecnología del s. XX es la capacidad de producir bienes en grandes cantidades para un elevado número de personas; junto a las innovacio-

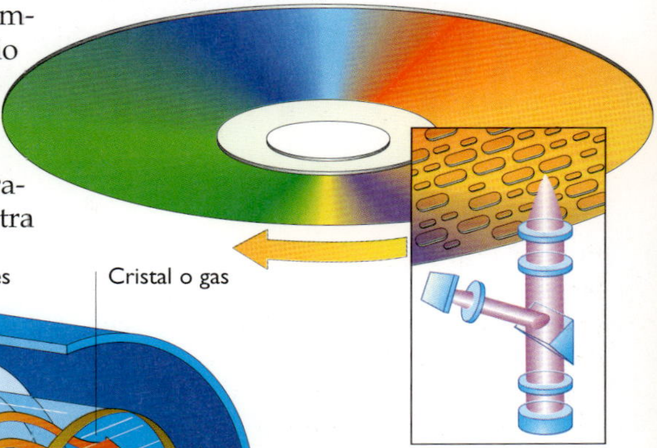

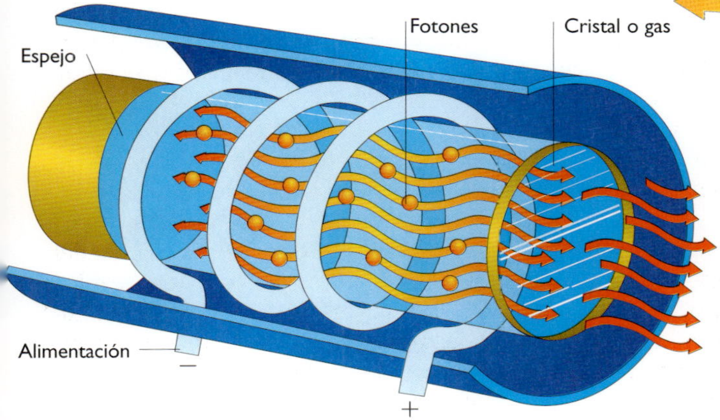

El lector óptico
El láser distingue las zonas que reflejan la luz de las zonas que la absorben y traduce estas informaciones en secuencias de 0 y de 1.

El láser
Es una luz monocromática (de un sólo color) y coherente (no se dispersa en el espacio sino que permanece centrada en un haz). Se obtiene con una especie de reacción en cadena en el interior de cristales particulares.

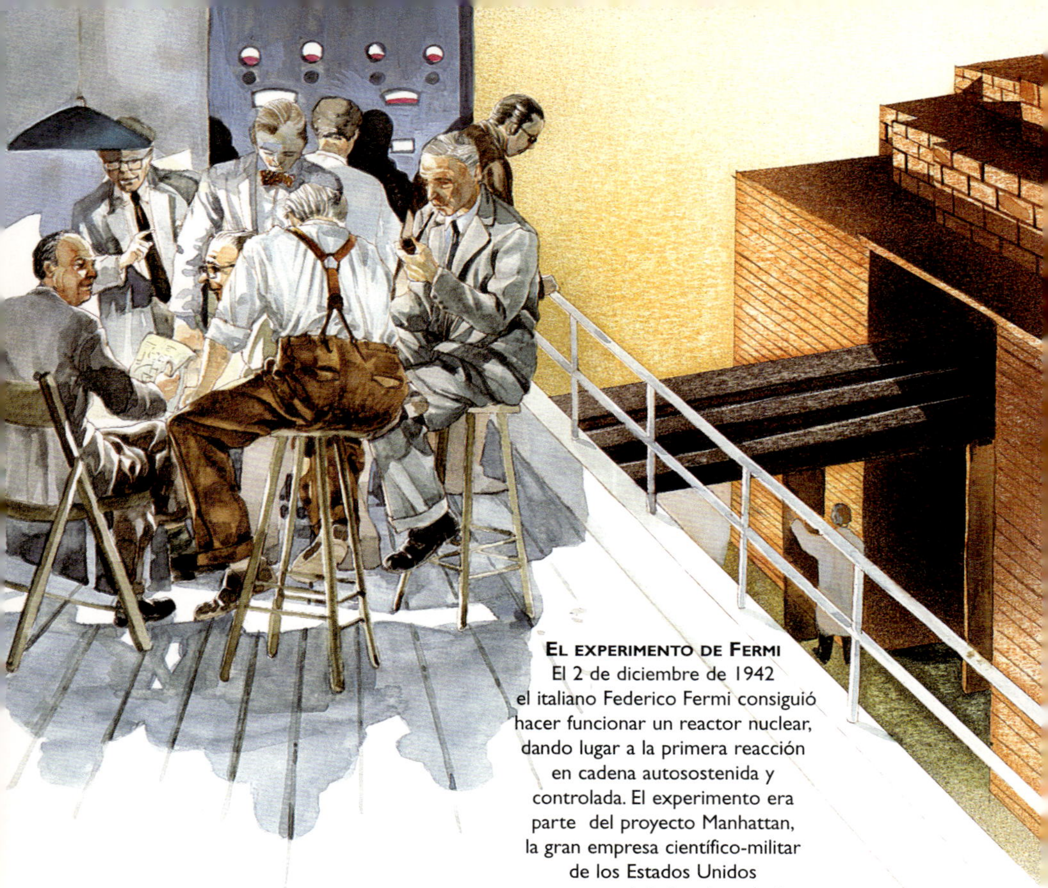

El experimento de Fermi
El 2 de diciembre de 1942 el italiano Federico Fermi consiguió hacer funcionar un reactor nuclear, dando lugar a la primera reacción en cadena autosostenida y controlada. El experimento era parte del proyecto Manhattan, la gran empresa científico-militar de los Estados Unidos para construir la bomba atómica.

nes destinadas a la producción y a los grandes servicios, la industria invade el mundo con las microinvenciones de uso individual: nuestra vida ya no es imaginable sin las telecomunicaciones, el avión, las materias plásticas…

La energía

En 1900 el carbón era prácticamente el único combustible para producir energía. Durante algunos decenios, otro combustible fósil hizo tambalear su hegemonía: el petróleo. Hacia 1950, en los Estados Unidos el consumo de petróleo y carbón era ya equivalente. Quemar carbón era una de las formas más comunes de producir energía. Un método alternativo resultó estar en el núcleo de los átomos.

Desde la época clásica, con el filósofo griego Demócrito (460-380 a.C.), hasta el fin del s. XIX, se había concebido la existencia de una partícula base de la materia, infinitamente pequeña e indivisible:

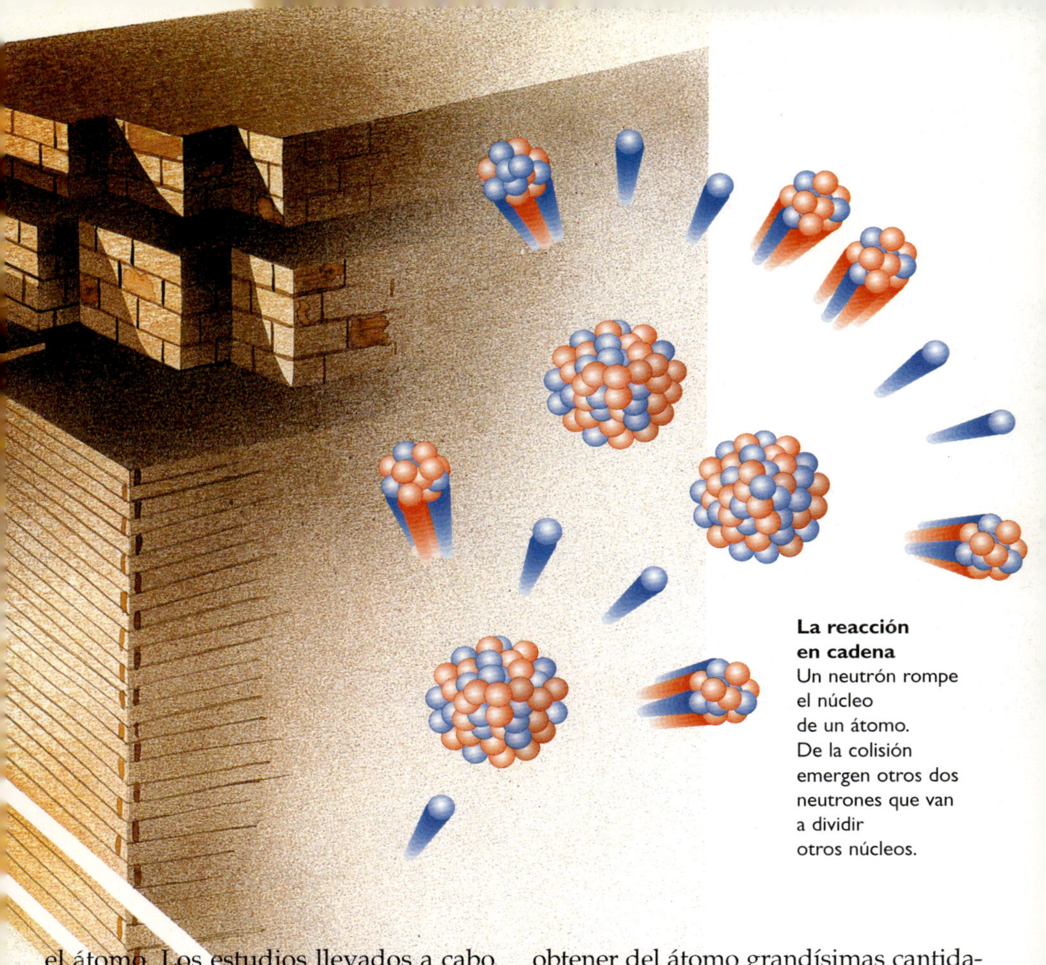

La reacción en cadena
Un neutrón rompe el núcleo de un átomo. De la colisión emergen otros dos neutrones que van a dividir otros núcleos.

el átomo. Los estudios llevados a cabo entre el s. XIX y el XX, sobre todo el descubrimiento de la radioactividad y del electrón, reanudaron las hipótesis sobre la constitución y la estructura del átomo, que desvelaron que se podía «romper». Fragmentándose, el átomo liberaba energía. En 1938, el físico alemán Otto Hahn divide en dos el núcleo del átomo de uranio, pero sólo en 1942, bajo la presión de las necesidades ligadas a la guerra, fue introducido un procedimiento capaz de obtener del átomo grandísimas cantidades de energía. Liberada de un modo no controlado la energía atómica es destructiva; de manera controlada es, sin embargo, capaz de suministrar energía. La primera central nuclear para la producción de electricidad surgió en Calder Hall, en Inglaterra, en 1956. En los años sucesivos, la energía de fisión nuclear ha sido adoptada por muchos estados, pero no ha resuelto como se esperaba el problema del presupuesto energético.

Algunos accidentes (el más grave el de Chernobyl, en Ucrania, el 26 de abril de 1986) han dado la voz de alarma acerca de la peligrosidad de las centrales nucleares.
Estas preocupaciones y las relativas a las grandes cantidades de anhídrido carbónico introducidas en la atmósfera durante la combustión del carbón y del petróleo han inducido a buscar nuevas formas de energía. En esta línea de principios la mejor solución sería producir energía por medio de la fusión nuclear, el mismo proceso que alimenta al Sol. Pero el proceso es muy difícil de realizar y difícilmente la energía que consumiremos en un futuro inmediato será producida por fusión nuclear. Es más probable que sea producida mediante las así llamadas fuentes renovables. Se trata de fuentes de energía que, al contrario que el carbón y el petróleo, no están destinadas a agotarse y no contaminan: viento, Sol, ríos, mareas…

Las telecomunicaciones

Entre las primeras conquistas del s. XX está la radio. En 1901, Giuglielmo Marconi consiguió transmitir señales de radio transoceánicas. En 1906, en Massachusetts, sin embargo, fueron transmitidos a centenares de kilómetros de distancia dos fragmentos musicales y un breve discurso gracias a una nueva técnica introducida por el físico canadiense Reginald A. Fessenden.
Como medio de difusión política, cultural, social y económica, la radio toma preponderancia con respecto a la prensa, por la posibilidad de llegar más fácilmente a las casas de todos.
En los años 20 también comenzó a tomar forma la televisión, resultado de

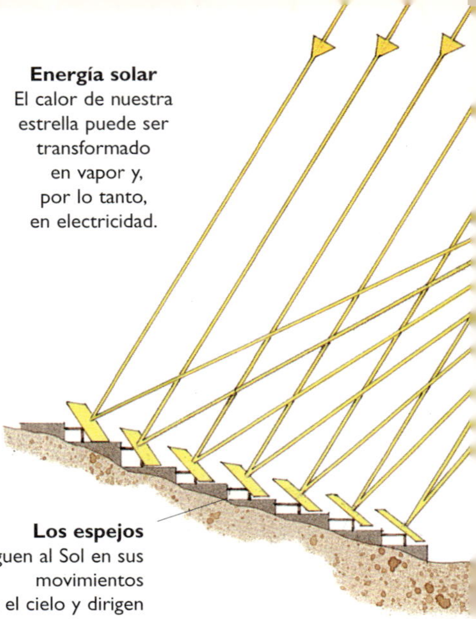

Energía solar
El calor de nuestra estrella puede ser transformado en vapor y, por lo tanto, en electricidad.

Los espejos
Siguen al Sol en sus movimientos en el cielo y dirigen su calor hacia la caldera.

La fusión nuclear
Obligando a dos átomos de hidrógeno a fundirse para formar uno de helio se obtiene una gran cantidad de energía y sin desechos radiactivos, como en el caso de la fisión. Es el mismo sistema que mantiene «encendido» al Sol.

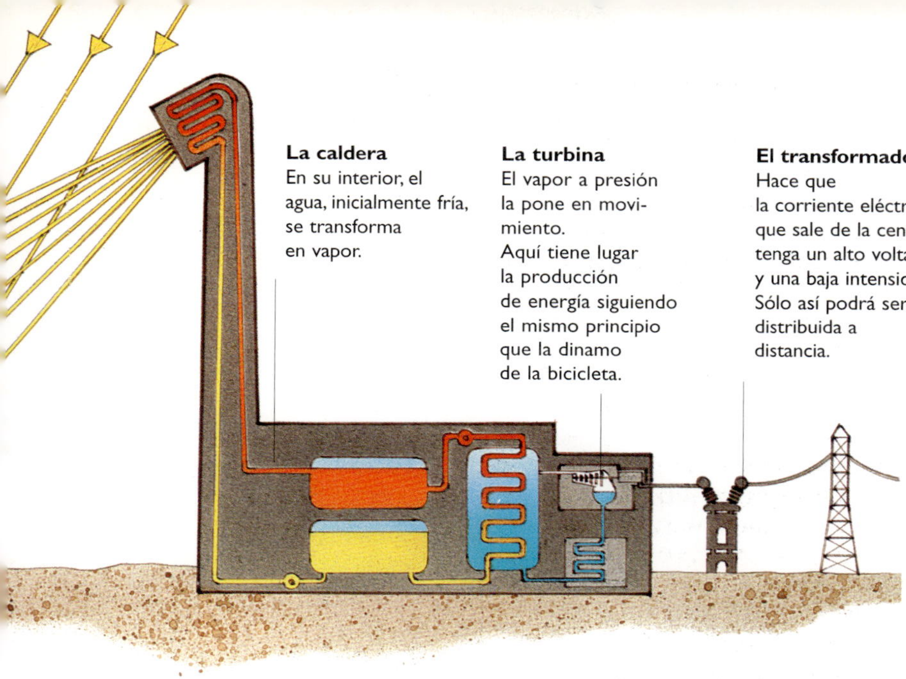

La caldera
En su interior, el agua, inicialmente fría, se transforma en vapor.

La turbina
El vapor a presión la pone en movimiento. Aquí tiene lugar la producción de energía siguiendo el mismo principio que la dinamo de la bicicleta.

El transformador
Hace que la corriente eléctrica que sale de la central tenga un alto voltaje y una baja intensidad. Sólo así podrá ser distribuida a distancia.

Las centrales eólicas
Son los modernos molinos de viento. Tienen palas gigantescas (con un diámetro de un promedio de 35 metros) colocadas sobre torres de treinta metros de altura.

un principio elaborado en 1884 por el alemán Paul Nipkow: la traducción de una imagen en series de líneas constituídas por puntos de diversa intensidad luminosa y su transmisión mediante ondas electromagnéticas.

Sin embargo, sólo con la aportación de muchos científicos e invenciones sucesivas como la del tubo catódico y la de la radio, y gracias al desarrollo de la electrónica, la técnica televisiva se hace fiable. En 1938 fue realizada la primera cámara de televisión y, un año después, tomó la salida el primer servicio público televisivo americano.

Las transmisiones televisivas permanecieron en un estado experimental hasta el final de la Segunda Guerra Mundial y comenzaron a desarrollarse a finales de los años 40, primero en los Estados Unidos y algunos años después en los países europeos. Después del éxito comercial de la televisión monocromática, se inició el desarrollo técnico de la TV en color. En los Estados Unidos su uso comercial es autorizado en 1950 y tres años más tarde se iniciaron las primeras transmisiones televisivas en color. El paso decisivo fue la televisión vía satélite. El 10 de julio de 1962 se lanzó Telstar I, el primer satélite artificial para las telecomunicaciones. Algunos días más tarde nació la «mundovisión»: gracias a Telstar fue realizado el primer enlace televisivo EE.UU.-Europa.

Desde entonces se han realizado grandes y pequeños perfeccionamientos, nos referimos, por ejemplo, a la introducción del mando a distancia. La próxima frontera será la TV interactiva. El espectador, desde casa, podrá acceder a enormes ar-

El tubo catódico
Introducido en 1897, es el corazón del televisor. Una ampolla de vidrio sin fondo por cuyo interior viaja un haz de electrones.

La primera televisión
En 1926, el ingeniero británico John L. Baird, logró obtener una imagen televisiva de baja definición (treinta líneas y cinco escenas por segundo) utilizando un dispositivo introducido por Nipkow en 1884.

La televisión se difunde
En 1947 ya se producían televisores que se podían utilizar en casa aunque los primeros modelos, en blanco y negro, eran aún rudimentarios y apenas se emitían programas.

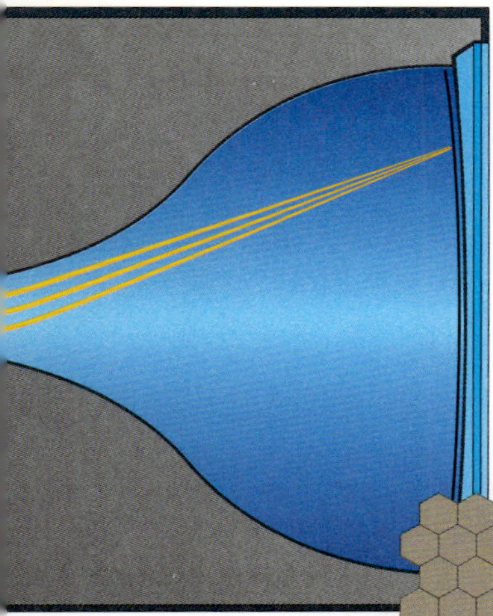

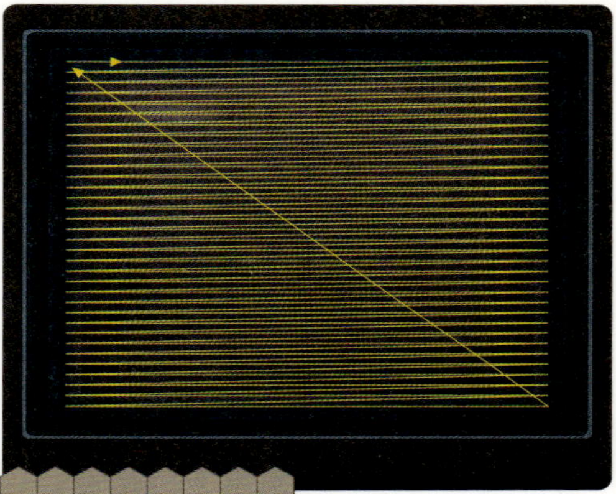

La pantalla
En los televisores normales las pantallas están constituidas por 625 líneas que son renovadas cincuenta veces por segundo.

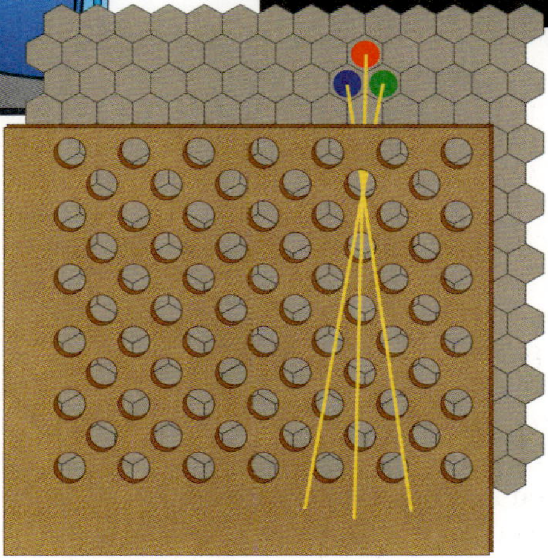

Las pantallas a color
Están divididas en muchos puntos y cada uno contiene elementos de fósforo verdes, rojos y azules que, mezclados por tres haces electrónicos, forman los colores.

chivos que contienen programas de todos los géneros y conectados con cables de fibra óptica a su aparato televisivo.

La informática

La electrónica ha revolucionado la telefonía y la televisión, y también ha permitido la realización de calculadoras. El primer trabajo de este tipo se remonta a 1946. Realizado por los ingenieros estadounidenses John William Mauchly y John Prespert Eckaert, ENIAC (siglas de *Electronic Numerical Integrator And Computer*) fue el primer ordenador totalmente electrónico y sin partes mecánicas en movimiento. Era un aparato enorme que ocupaba cerca de 140 metros cuadrados de superficie. Fue desarrollado por el ejército americano que lo utilizaba para cumplir automáticamente cálculos balísticos. La invención del transistor, mucho más versátil y que estorbaba menos que las viejas válvulas dejó rápidamente obsoleto al ENIAC. Ya desde finales de los años 50, aparecieron los ordenadores de segunda generación, pe-

El ordenador personal
Tienen tres elementos: el monitor (1), a través del cual los datos se presentan al usuario, el teclado (2) que permite introducir datos, y la unidad central (3) que elabora la información.

La CPU
Es la *Central Processing Unit*, el cerebro del ordenador.

pequeños, económicos, eficientes y mucho más potentes. Justamente en la mitad del s. XX el ordenador hizo su entrada en el mercado. Antes de 1951 fue instalado en el Bureau Census el primer ordenador comercial, el UNIVAC I (*Universal Automatic Computer*), que, en 1952, fue usado para prever, por cierto que correctamente, el resultado de las elecciones a presidente de los Estados Unidos. Al año siguiente una computadora inglesa, basada en el proyecto del ordenador EDSAC de la Universidad de Cambridge, era utilizada para recoger los pedidos de pan y dulces para la cadena panificadora de J. Lyons en Londres. Era la primera aplicación comercial de un ordenador. La demanda de ordenadores creció tan rápidamente que en 1960 ya operaban veintiséis industrias

La memoria RAM
El ordenador registra temporalmente las informaciones que de vez en cuando necesita.

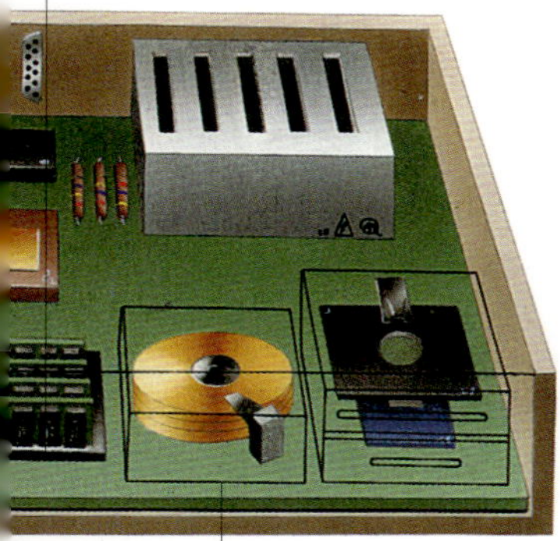

El disco duro
Es el gran archivo en el que se almacenan las informaciones que deben ser conservadas durante mucho tiempo.

El microprocesador
Fue inventado en 1971, era una placa de silicio con un ancho de tres centímetros y un largo de cuatro en la cual se condensaban las funciones de millares de transistores.

en los Estados Unidos, siete en Gran Bretaña, tres en Alemania, dos en Holanda, una en Francia y una en Italia. El cerebro de los ordenadores modernos, el microprocesador, fue inventado en 1971 por el ingeniero italiano Federico Faggin y por los americanos Marcian Hoff y Stan Mazor. Fue la etapa fundamental para la explosión de la informática y la realización de ordenadores potentes, pero lo suficientemente pequeños como para estar sobre un escritorio. El primer ordenador personal de la historia es el Apple II, presentado por Steve Jobs y Steve Wozniak en 1976.
Desde el punto de vista tecnológico, los años 90 serán probablemente recordados por la implantación de Internet, por las posibilidades que supone la interconexión planetaria de millones de ordena-

INTERNET
En 1989 fueron 100 000 los nodos en conexión; en 1996 eran ya 9 472 000. La telaraña telemática ya se ha extendido por todo el mundo.

El *router*
Es un dispositivo que conecta diversas redes.

Los paquetes
Contienen los datos, la dirección y otras informaciones necesarias para el envío de los propios datos.

Los *gateway*
Traducen los datos de un tipo de red a otro.

La red local
Se conecta a una red cercana o bien distante. En este último caso la conexión pasa a través de un *router*.

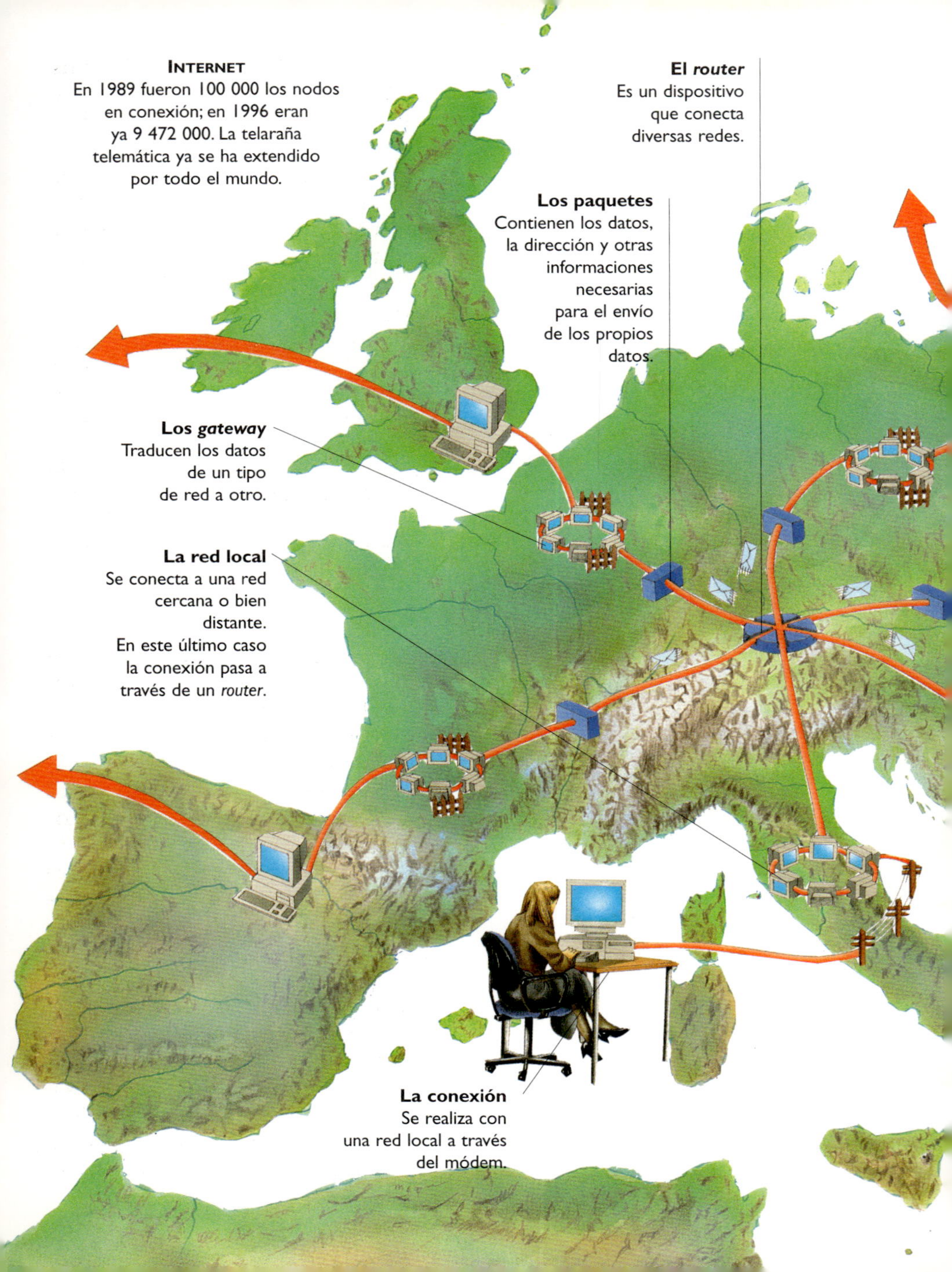

La conexión
Se realiza con una red local a través del módem.

dores. También Internet, como otras innovaciones del s. XX, es hija de investigaciones militares y del enfrentamiento entre Estados Unidos y la antigua URSS. En plena guerra fría, los americanos temían que los rusos hicieran saltar todo el sistema de comunicaciones estadounidense. La solución propuesta fue la de privar de cualquier autoridad central toda la red que conectaba los distintos centros neurálgicos de la nación e independizar todos los nodos, de modo que cada uno tuviese una posición jerárquica equivalente y fuese capaz de originar, pasar y recibir mensajes. Nace así el embrión de la red Arpanet, que permite a científicos e investigadores intercambiarse datos e informaciones, poseyendo cada uno su propia dirección de correo electrónico.

La industria

La tecnología del s. XX no ha producido sólo máquinas nuevas sino que, revolucionando los sistemas de producción industrial, ha permitido también la difusión de bienes y máquinas, haciéndolos objetos a disposición de todos. El mejor ejemplo, así como el primero de la historia, es el del automóvil. En 1908 la Ford de Estados Unidos inicia la producción de su famoso modelo T. Se trataba de un coche, accesible económicamente a un extenso estrato de la población, que respondía perfectamente a la nueva demanda de bienes de consumo de masas. La desmesurada solicitud del nuevo coche obligó a Henry Ford y a sus colaboradores a modificar el sistema de producción, además de concebir un nuevo tipo de organización del trabajo en fábrica ca-

paz de acelerar los ritmos de producción. En la nueva fábrica los operarios trabajan de un modo diferente, es decir, desarrollan una serie limitada de movimientos y de acciones en relación a una fase específica de trabajo. Las funciones directivas se separan más rígidamente de las operativas. El trabajo se desarrolla según unas líneas planificadas y bajo el control de trabajadores, de un nivel intermedio entre operario y dirigente, llamados cuadros: es el sistema de producción de la cadena de montaje que, en 1913, es ya una realidad. El nuevo proceso productivo reduce el tiempo de trabajo necesario para producir un automóvil de 12 horas y 8 minutos, al inicio de 1913, a 1 hora y 33 minutos, en la primavera de 1914. La factoría de Highland Park, en Detroit,

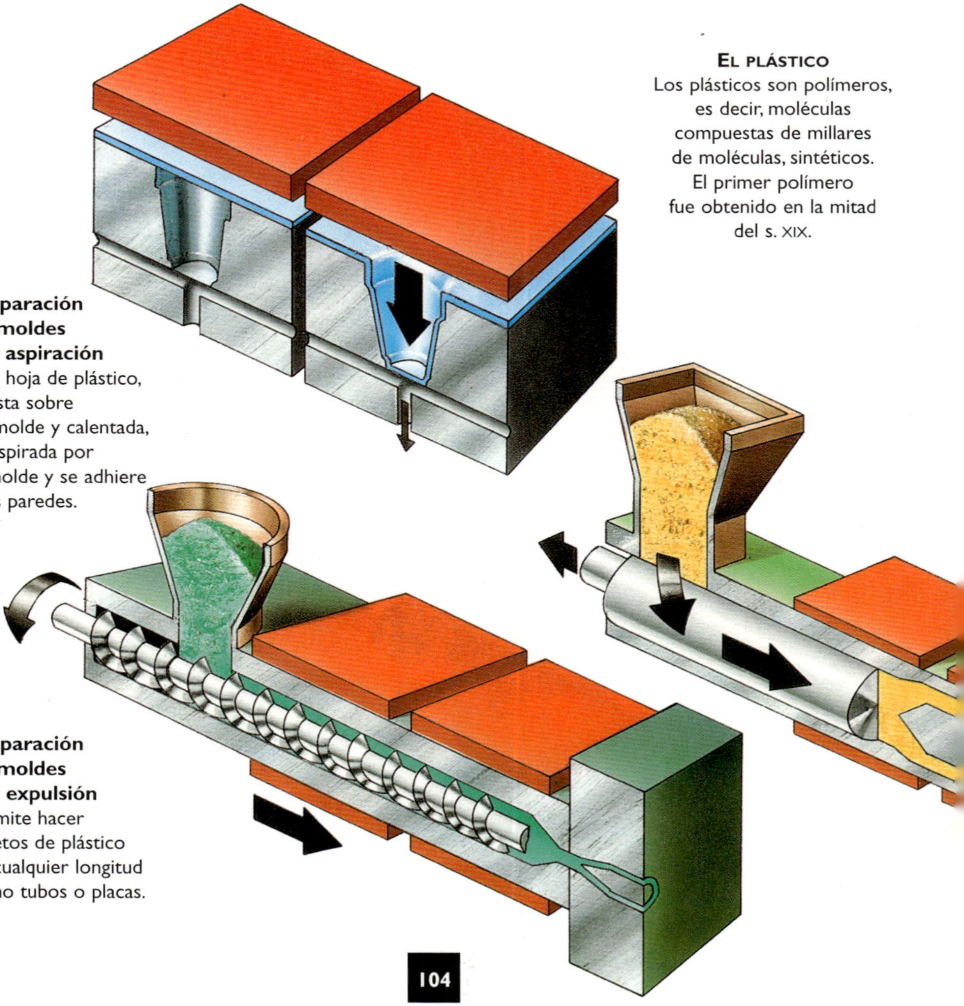

El plástico
Los plásticos son polímeros, es decir, moléculas compuestas de millares de moléculas, sintéticos. El primer polímero fue obtenido en la mitad del s. XIX.

Preparación de moldes por aspiración
Una hoja de plástico, puesta sobre un molde y calentada, es aspirada por el molde y se adhiere a las paredes.

Preparación de moldes por expulsión
Permite hacer objetos de plástico de cualquier longitud como tubos o placas.

comienza a producir más de mil coches al día. La velocidad, el volumen y la eficiencia, totalmente inéditos en la producción de manufacturas industriales, hacen posible a Henry Ford construir el automóvil más barato, pagar los salarios más elevados y convertirse en uno de los hombres más ricos del mundo. La nueva fábrica de Ford es el resultado de las teorías sobre la organización científica del trabajo de Frederick Winslow Taylor (1856-1915). El desenlace de una reflexión iniciada para limitar la crisis de finales del s. XIX es que será capaz de estimular una imprevisible demanda de nuevos productos por parte de un creciente número de consumidores.

Después de la Segunda Guerra Mundial, en particular en los primeros veinte años de extraordinario crecimien-

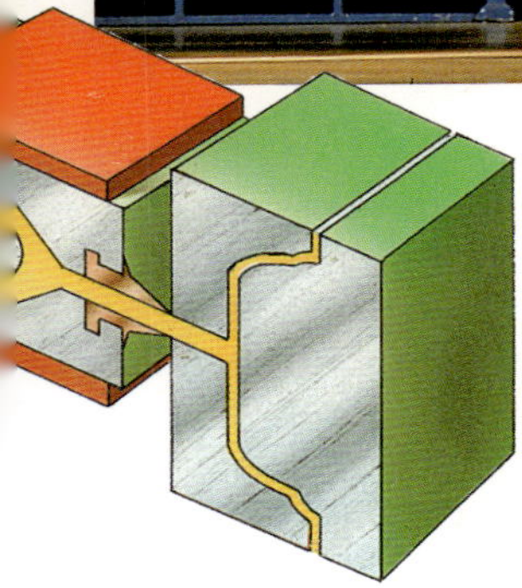

Preparación de moldes por estampado
Técnica que permite obtener objetos de plástico mediante la licuefacción y a solidificación de los polímeros en gránulos dentro de un molde.

La cadena de montaje
En la era de la informática las cadenas de montaje están ya casi completamente robotizadas.

El Empire State Building
Se construyó en Nueva York entre 1929 y 1931 y con sus 380,75 metros fue durante mucho tiempo el edificio más alto del mundo.

Operarios en el trabajo
Las estructuras de acero de los rascacielos eran ensambladas por centenares de operarios. Muchos eran elegidos entre los indígenas americanos por su agilidad y coraje.

to económico, la novedad tecnológica se convirtió, cada vez más, en el factor de éxito de las mercancías de compra. Cuanto más compleja era la tecnología, más largo era entonces el camino de la búsqueda de innovaciones y de la propia producción. El proceso de innovación se hizo cada vez más estratégico e incesante: para de-

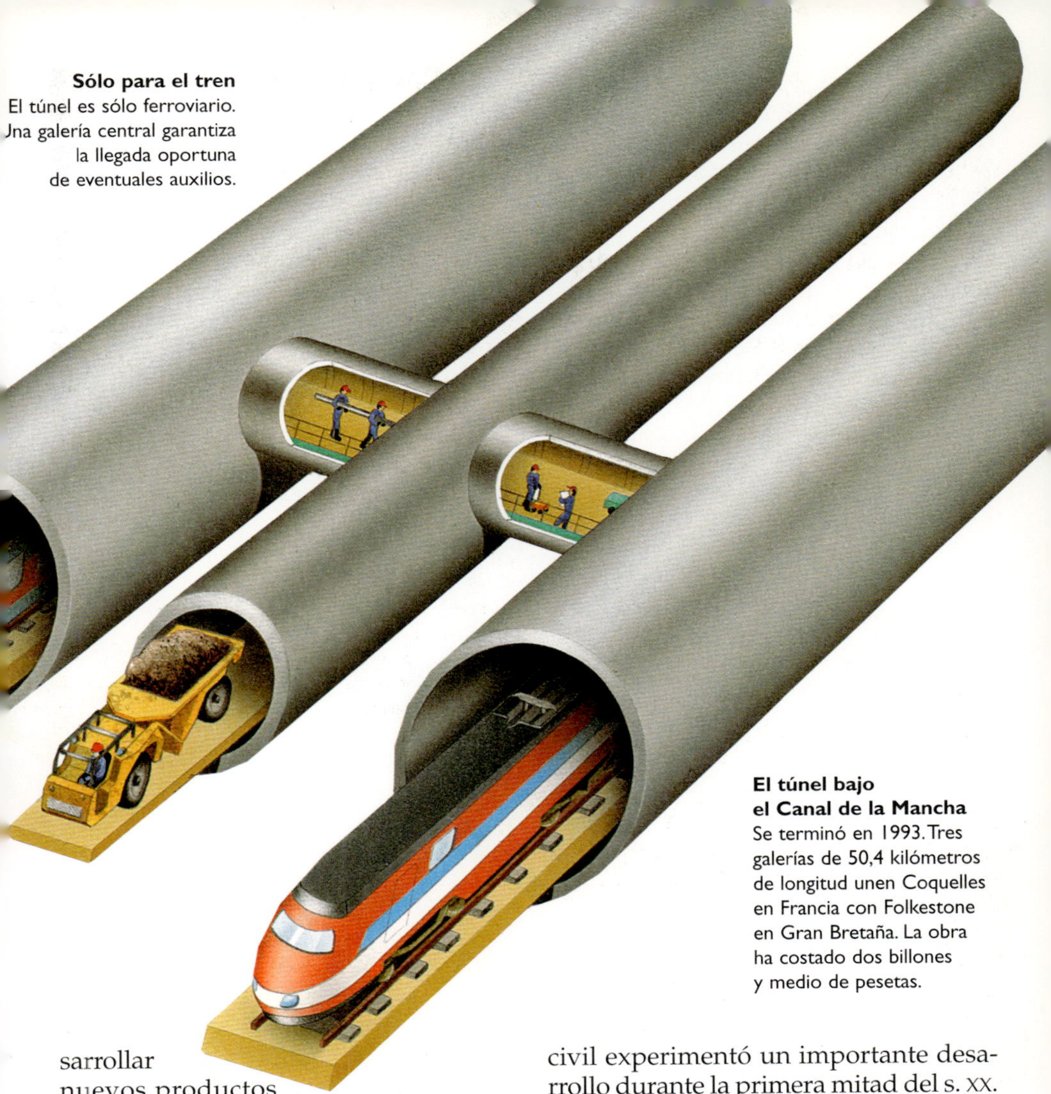

Sólo para el tren
El túnel es sólo ferroviario. Una galería central garantiza la llegada oportuna de eventuales auxilios.

El túnel bajo el Canal de la Mancha
Se terminó en 1993. Tres galerías de 50,4 kilómetros de longitud unen Coquelles en Francia con Folkestone en Gran Bretaña. La obra ha costado dos billones y medio de pesetas.

sarrollar nuevos productos se hizo necesario un coste de producción cada vez más alto, del cual la investigación ocupaba la cuota más elevada.

Las construcciones

Aunque en este sector hubo pocas innovaciones revolucionarias, la ingeniería civil experimentó un importante desarrollo durante la primera mitad del s. XX. Por todo el mundo, pero sobre todo en Estados Unidos, surgieron rascacielos, puentes y diques. A finales del s. XIX las construcciones dejaron de ser efectivas y en ciudades como Chicago o Nueva York se producía una continua demanda de espacios para oficinas. Para poder

construir edificios más altos hubo que esperar a que el acero tuviese un precio más accesible y a que los ascensores fueran más fiables. Las grandes ciudades americanas crecieron en altura aprovechando las perspectivas abiertas por los nuevos materiales de construcción. Además del acero, usado para construir los pilares de los rascacielos, aparecieron otros materiales que permitieron la realización de atrevidas estructuras. El cemento armado había sido patentado en 1892, pero sólo a partir de los primeros decenios del s. XX fue empleado de tal modo que revolucionó la arquitectura. En 1928 la ingeniera francesa Marie Eugène Freyssinet experimentó por primera vez con cemento armado precomprimido. Una pequeña revolución puesto que este material resulta mucho más resistente que el cemento armado y permite realizar puentes con la abertura del arco mucho más larga.

En la segunda mitad del siglo no ha habido novedades sustanciales en las técnicas de construcción. Pero sí se han potenciado y difundido medios mecánicos que facilitan el trabajo de los operarios en las obras: grúas, palas mecánicas, excavadoras, barrenas… Progresos que han hecho pensar

El primer coche para las masas
Es el Ford modelo T. Entre 1908 y 1926 se vendieron más de quince millones de ejemplares.

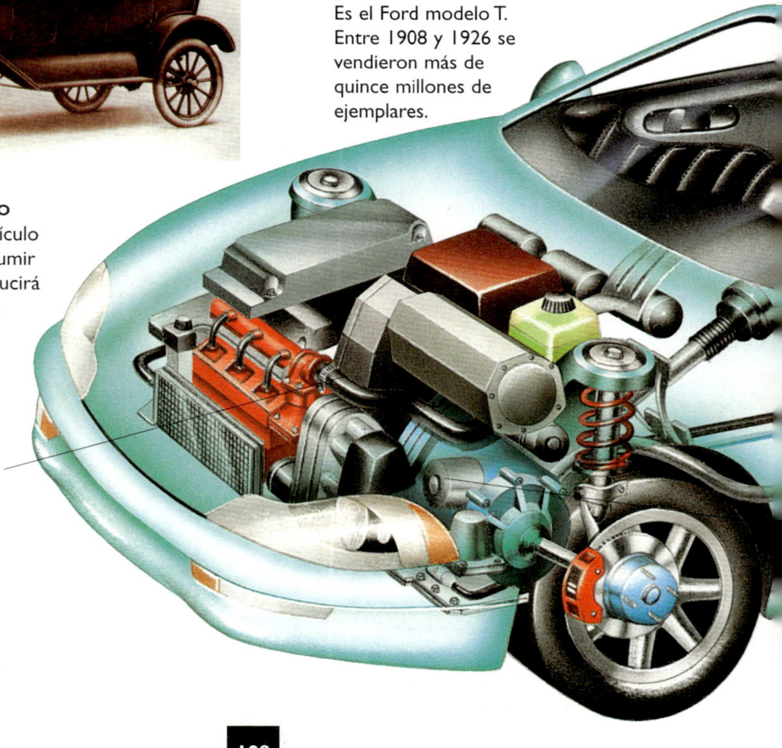

EL COCHE HÍBRIDO
Es considerado el vehículo del futuro. Hará consumir menos petróleo y reducirá la contaminación en las ciudades.

Dos motores
En el capó conviven el tradicional motor de gasolina y el motor eléctrico. El primero se utiliza para las grandes distancias y el segundo para los trayectos en ciudad.

también en el subsuelo como posible lugar para edificar. En los últimos años los verdaderos retos para ingenieros y arquitectos no han sido los rascacielos sino los túneles, cada vez más largos y amplios.

Los transportes

El automóvil, como hemos visto, se convirtió en un objeto de consumo de masas después del primer decenio del s. XX, gracias al abaratamiento de los costes, a la mayor fiabilidad de los propios coches y a la mejora de las redes viales. En la primera fase de la industria del automóvil, los productores idearon las más disparatadas soluciones técnicas y los automóviles sufrieron transformaciones más radicales en aquellos años que en cualquier otro período. Pero, con el paso del tiempo, han sobrevivido sólo las mejores ideas, las que han hecho del automóvil el medio de transporte más extendido. En 1934, por ejemplo, el ingeniero francés André Lefevre realizó para la Citroën el primer automóvil con tracción anterior. Una innovación que acrecentó la estabilidad y la potencia de los vehículos.
Los automóviles son cada vez más un concentrado de la tecnología punta. Si bien las partes fundamentales no son

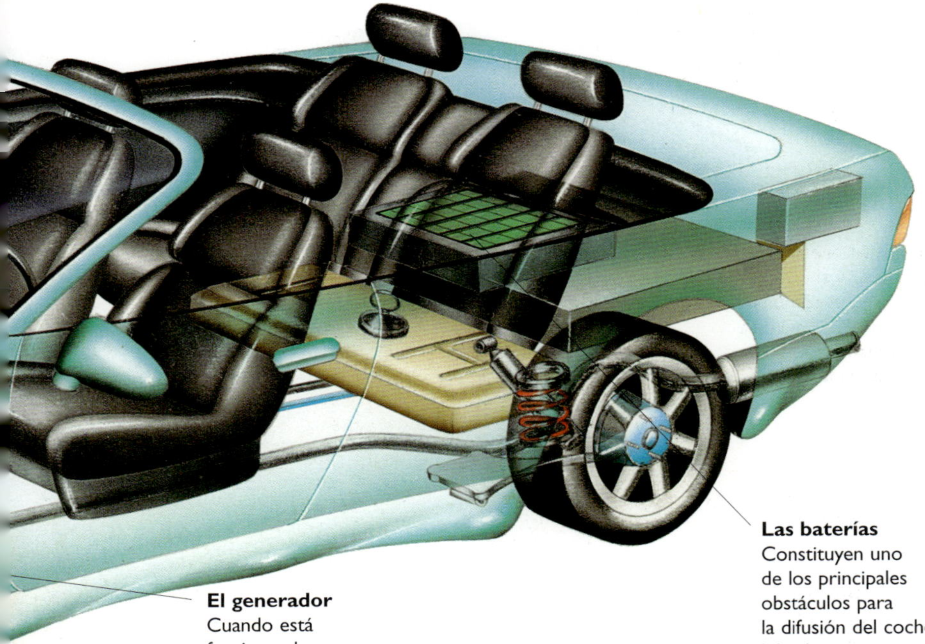

El generador
Cuando está funcionando el motor de explosión, parte del movimiento es transferido al generador, el cual lo utiliza para cargar la batería.

Las baterías
Constituyen uno de los principales obstáculos para la difusión del coche híbrido porque estorban mucho. Los modelos más recientes consiguen alimentar al automóvil durante más de 130 kilómetros.

Aerodinámica
La estructura de la locomotora está hecha de modo que permita una mejor penetración del aire.

El tren de vapor
Hasta la Segunda Guerra Mundial, el vapor continuó siendo el propulsor principal del tren.

El TGV
En 1978 los ferrocarriles franceses inauguraron el *Train Grande Vitesse* (TGV), cuya velocidad punta era de 270 kilómetros por hora.

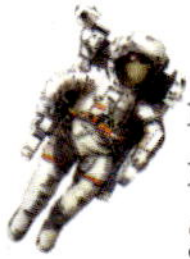

muy distintas de las de los modelos de comienzo de siglo, la electrónica está omnipresente: de la inyección del carburante en los cilindros a las ventanillas eléctricas. Además, actualmente, existe el compromiso de construir automóviles más seguros para los pasajeros y menos contaminantes. El cinturón de seguridad, los frenos ABS antibloqueo y el *airbag* (el globo que se hincha en caso de colisión para atenuar el impacto) ya están disponibles en todos los automóviles. Se ha intentado reducir las emisiones de sustancias contaminantes, pero visto el gran número de coches en circulación, las medidas tomadas no son aún suficientes. Muchos consideran que el futuro pertenecerá a los automóviles híbridos: mitad de combustión, mitad eléctricos.

El tren es un medio de transporte eléctrico ya «antiguo». El primer ferrocarril del mundo fue la línea en miniatura cons-

La propulsión
El TGV es un tren a propulsión eléctrica.

Los vagones
Tienen cuatro ruedas móviles para permitir al tren tomar más ágilmente las curvas. Poseen sistemas de suspensión que atenúan las vibraciones y hacen el viaje cómodo.

Las vías
Los trenes de alta velocidad viajan sobre vías especiales, con una base más robusta y en trayectos más rectilíneos.

truida para transportar a los visitantes en el interior de la Exposición de Berlín de 1879, pero sólo después de la Segunda Guerra Mundial se ha confiado en la electricidad para la tracción de los trenes. Los progresos hechos posteriormente se han producido en el ámbito de la velocidad y la seguridad más que en los sistemas de propulsión.

Una tecnología completamente distinta es la utilizada en los trenes de levitación magnética. La fuerza de repulsión entre los imanes de polos opuestos tiene elevado al tren sobre el carril eliminando así la fuerza del roce. Las combinaciones de atracción y repulsión obligan entonces al convoy a avanzar. El primer prototipo de esta clase fue experimentado en EE.UU. en 1967 y se reveló muy prometedor. Alemania en 1976 ha realizado el Transrapid, capaz de viajar a 401 kilómetros por hora, y en 1980 el japonés Magnetic Levitation alcanzó los 517 kilómetros por hora. A pesar de estos resul-

tados, el tren de levitación magnética está aún lejos de convertirse en una realidad comercial.

La aviación

El primer vuelo se remonta a 1903, y el avión se convirtió casi súbitamente en un arma, por primera vez, cuando los italianos lo utilizaron en Libia contra el Imperio Otomano, en 1911. En los años situados entre las dos guerras mundiales se desarrolló como medio de transporte: los frágiles biplanos de los pioneros habían sido sustituidos por robustos monoplanos que volaban por rutas intercontinentales.

El 27 de agosto de 1939 realizó su vuelo el primer avión a reacción. El motor, patentado por el inglés Frank Whittle, pero experimentado por primera vez

El primer vuelo a motor
Lo realizó en 1903 Orville Wright, sobre un terreno arenoso y llano: duró sólo doce segundos, superando una distancia de casi cuarenta metros a una velocidad de cerca de 48 kilómetros por hora. El aparato era un simple biplano sin cola, con hélice a propulsión accionada por un motor de gasolina de doce caballos.

El aeropuerto de Osaka
La terminal aérea del aeropuerto internacional de Osaka, en Japón, surge en una isla artificial. Ha sido terminado en 1994 gracias a un proyecto del arquitecto italiano Renzo Piano.

El avión de línea
Puede tener una longitud de más de setenta metros y una altura de casi veinte metros. Los más grandes transportan a casi cuatrocientos pasajeros.

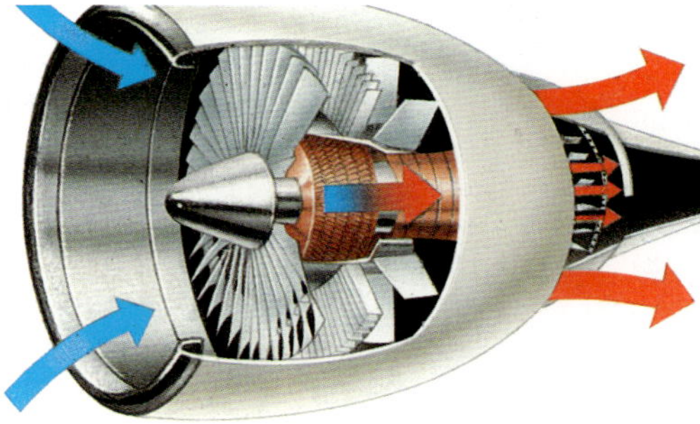

El motor a reacción
El aire es llevado hacia el interior, donde se encuentra con un flujo de carburante. El gas resultante se expande rápidamente y es expulsado a una alta presión.

por la aviación alemana, era revolucionario. Tragaba el aire para después expulsarlo con una gran presión. Este es lanzamiento el que da el impulso a los aviones en los que volamos hoy.

Las conquista del espacio

Después de haberse elevado sobre la tierra, el hombre aprendió también a vencer la gravedad terrestre para elevarse en el espacio. Bajo la presión de la guerra fría, EE. UU. y la antigua URSS se dedicaron a proyectar naves cada vez más potentes, capaces de transportar bombas atómicas de un continente a otro. Los alemanes ya habían realizado estudios en ese sentido durante la Segunda Guerra Mundial, y habían producido las mortíferas «bombas volantes», las famosas V1 y V2 que, hacia el final de la guerra, lanzaron sobre Londres. Esto afectó al sector espacial. El 4 de octubre de 1957 la antigua Unión Soviética puso en órbita en torno a la Tierra el Sputnik I, una esfera de acero que llevaba a bordo instrumentos para medir la temperatura y la densidad de la atmósfera. Al mes siguiente, el 3 de noviembre, le tocaría al

La estación espacial
Será la empresa científica más importante de los próximos años. Estudiosos de todo el mundo podrán realizar sus experimentos en ausencia de gravedad, en una estructura que recorrerá la órbita de la tierra.

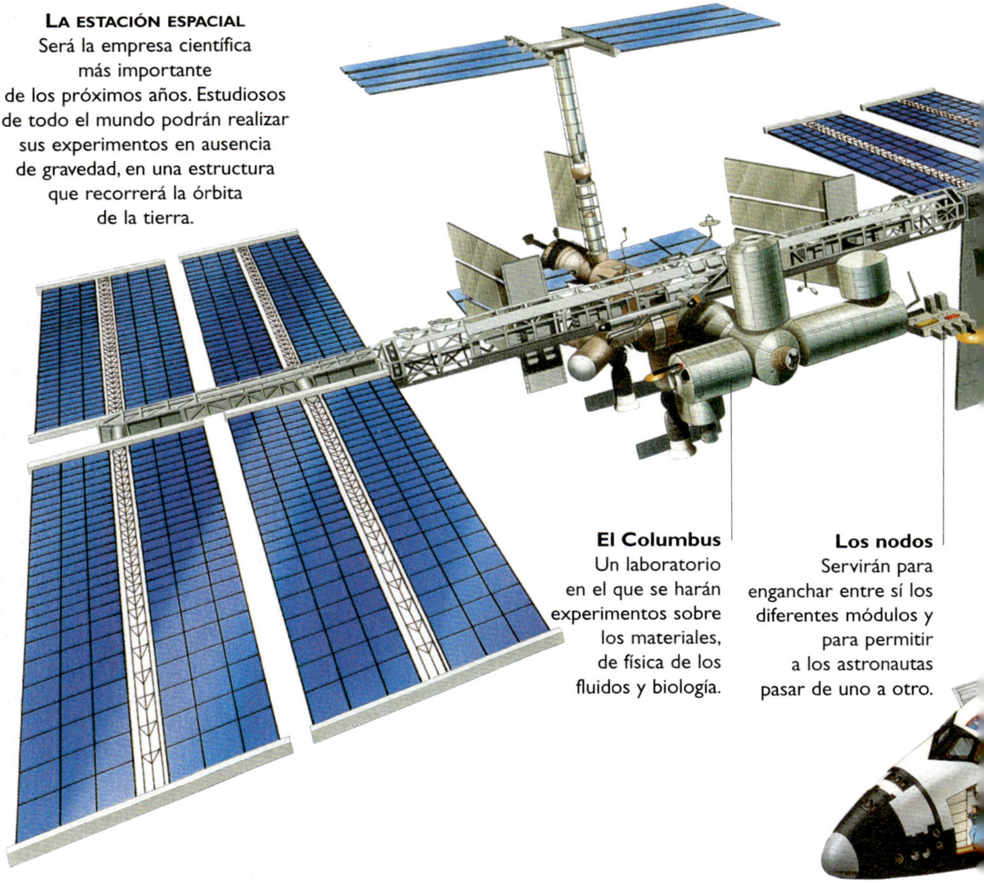

El Columbus
Un laboratorio en el que se harán experimentos sobre los materiales, de física de los fluidos y biología.

Los nodos
Servirán para enganchar entre sí los diferentes módulos y para permitir a los astronautas pasar de uno a otro.

El primer hombre sobre la Luna
«Es un pequeño paso para el hombre, pero un salto de gigante para la humanidad».
Fue la primera frase pronunciada por Neil Armstrong al poner los pies sobre la Luna el 21 de julio de 1969.

Sputnik II, con un peso de 508 kilos, de los cuales tres eran de instrumentos científicos, que llevaría a bordo al primer ser viviente que se ha mandado al espacio, la perrita Laika. El 12 de abril de 1961 los ingenieros espaciales soviéticos realizaron su máxima empresa enviando en órbita a bordo de una cápsula Vostok al cosmonauta Yuri Gagarin, primer hombre en llegar al espacio. Los Estados Unidos emplearon algunos años en igualar las diferencias en tecnología espacial que les separaban de los soviéticos, pero, posteriormente, asumieron decididamente la dirección de la conquista del espacio. El 20 de julio de 1969, gracias a un cohete introducido por el científico de origen alemán Wernher von Braun, los americanos mandaron a la Luna a los astronautas Neil Armstrong y Edwin Aldrin y Michael Collins y lograron hacerles volver sanos y salvos.

Las lanzaderas
Los *shuttles*, operativos desde 1980, garantizan el ensamblaje pieza a pieza de la estación espacial.

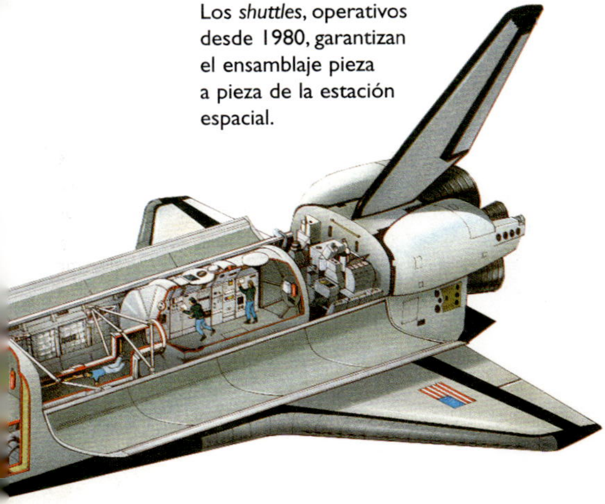

La tecnología y la guerra

En ninguna otra época como en el s. XX la ciencia ha tenido un papel tan fundamental para el éxito en las batallas y conflictos militares. El radar, los cohetes, los satélites artificiales e Internet son todos dispositivos fruto de guerras consumadas o declaradas.

El primer gran ejemplo de implicación militar de un científico y de todo un aparato de investigación fue representado por Fritz Haber, el químico alemán que, ganó el premio Nobel por haber sido el primero en realizar la síntesis del amonía-

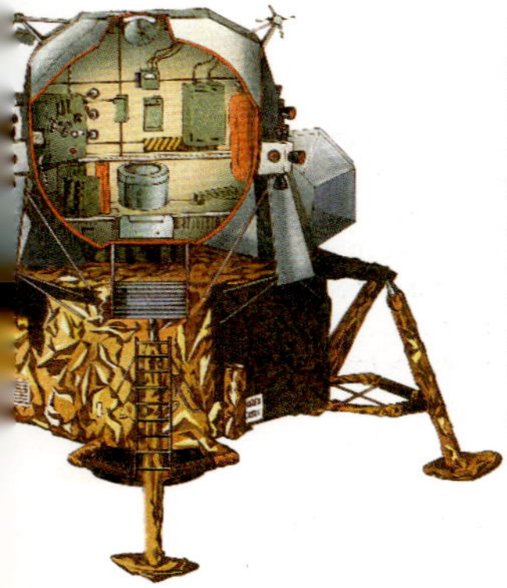

El LEM
El Lunar Excursion Module fue el que transportó a Armstrong y Aldrin por la superficie lunar. Se había despegado dos horas antes del módulo Columbia, el cual permanecía en órbita en torno a la Luna.

co y contribuyó durante la Primera Guerra Mundial a dotar al ejército alemán de propulsores y explosivos como la nitroglicerina, la nitrocelulosa y el tritol. Fue la primera vez que se utilizaron a gran escala sustancias químicas sintéticas con fines militares. Pero Haber fue aún más allá y se puso a trabajar para encontrar un gas letal que se pudiera utilizar en los campos de batalla. Propuso usar el cloro, un potente gas asfixiante en forma líquida que, en contacto con el aire, se evapora formando una nube a baja altura. Desde entonces han sido inventadas armas destructivas bastante más devastadoras. Durante todo el período de la guerra fría, millares de misiles con cabezas nucleares han apuntado hacia las principales ciudades de la antigua URSS y de los Estados Unidos. Sin embargo, la lección de aniquilamiento atómico sufrida por las ciudades japonesas de Hiroshima y Nagasaki en agosto de 1945 ha disuadido a las grandes potencias de dar salida a una guerra nuclear que hubiera terminado con la destrucción de la víctima y del agresor.

Actualmente las investigaciones militares se centran en prevenir las acciones del enemigo y en atacarle en los centros neurálgicos antes que en aniquilarlo. Por eso se han introducido aviones invisibles y misiles inteligentes. Con la misma finalidad se busca, como tiene lugar en algunos laboratorios de la aviación americana, hacer pilotar los aviones a robots en lugar de a seres humanos.

La tecnología que salva la vida

La tecnología puede traer destrucción pero también grandes beneficios. La mayor parte de las medicinas con las que nos curamos no existían hasta hace un siglo. En el s. XX la investigación y la industria farmacéutica se han transformado: para hacer la síntesis de una medicina no basta con la experiencia de un buen herborista, sino que se necesitan los conocimientos científicos de químicos, médicos y los medios tecnológicos de grandes laboratorios. El mejor ejemplo es la aspirina que, dada a conocer ya en 1897, pertenece totalmente a la cultura médica del s. XX.

El gas
En abril de 1915 los alemanes abrieron en Ypres, en el frente occidental de la Primera Guerra Mundial, 6 000 bombonas que contenían cloro líquido y que mataron a 5 000 hombres. Los ataques continuaron en el frente ruso, donde el gas dejó sobre el terreno cerca de 25 000 hombres entre muertos y heridos.

La bomba atómica
Lanzada sobre Hiroshima el 6 de agosto de 1945 tuvo el efecto de 15 000 toneladas de tritol. Arrasó diez kilómetros cuadrados del suelo de la ciudad, matando de una vez a 66 000 personas e hiriendo a 69 000.

En 1928 nace la penicilina que, descubierta por Alexander Fleming, será la salvación de millones de personas afectadas por enfermedades infecciosas. Otra fecha importante para la medicina del s. XX será el 26 de abril de 1954: es el día en que se inicia en los Estados Unidos una vacunación en masa contra la poliomielitis, una enfermedad que, sólo en América, paralizaba a 20 000 personas cada año. La vacuna fue preparada por el bioquímico Jonas Salk y el microbiólogo Albert Sabin.

Otro éxito de la tecnología aplicada a la medicina son los transplantes de órganos. Éstos fueron hechos posibles, además de gracias a una mayor habilidad por parte de los cirujanos, gracias a la introducción de fármacos antire-

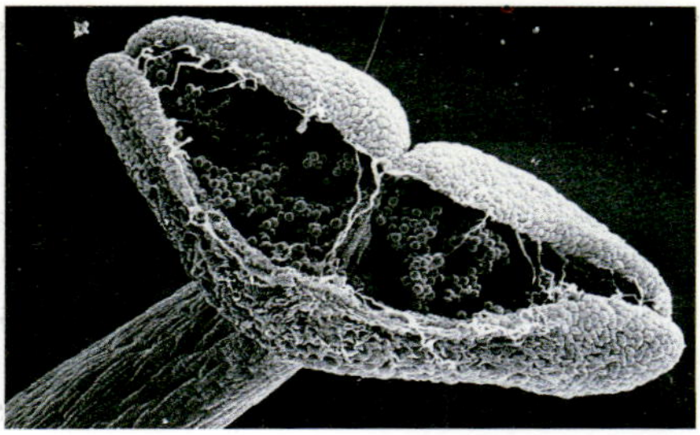

El aumento
La parte terminal
del estambre de una flor
con sus gránulos de polen.

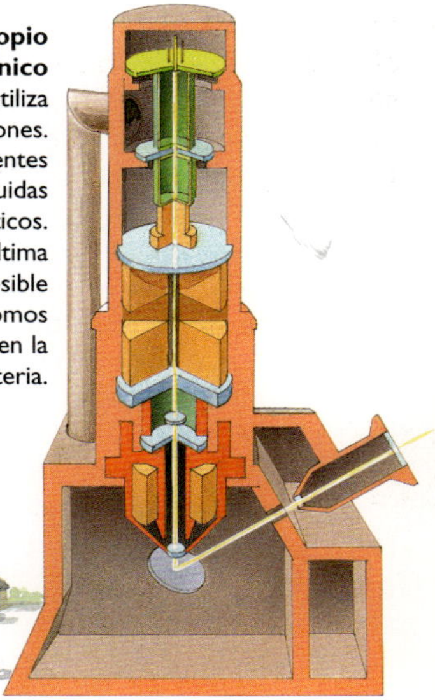

El microscopio electrónico
En lugar de la luz utiliza un haz de electrones. Las tradicionales lentes de vidrio son sustituidas por campos magnéticos. Con los de última generación es posible fotografiar los átomos que componen la materia.

VACUNACIONES EN MASA
Las campañas de vacunación, no sólo contra la poliomielitis, practicadas tras la Segunda Guerra Mundial, han salvado millares de vidas de poblaciones enteras, sobre todo en los países en vías de desarrollo, haciéndolas inmunes a las enfermedades más temibles.

chazo. En 1954 el cirujano americano Joseph Murray realiza el primer transplante de riñón. Dos años más tarde, el hematólogo Edward Donnall Thomas transplanta a un enfermo de leucemia una médula ósea sana. En 1963 se realizan los primeros transplantes de hígado y de pulmón. Y, finalmente, el 3 de diciembre de 1967, el cirujano sudafricano Christian Barnard realiza el primer transplante de corazón.

Pero es, probablemente, el diagnóstico el sector de la medicina donde la tecnología hace sentir más fuertemente su presencia. Complejas máquinas, aprovechando misteriosas leyes físicas, consiguen fotografiar el interior

del cuerpo humano. Es el caso de la Tomografía Axial Computerizada (TAC), usada por primera vez en 1972. La TAC combina el método radiográfico con una reconstrucción en el ordenador y permite visualizar el cuerpo del paciente como si estuviera cortado en rodajas y después fotografiado.

La estructura del ADN
Fue caracterizada por primera vez por Francis Crick y James Watson en 1953. Por este descubrimiento obtuvieron el premio Nobel de medicina en 1962.

La ingeniería genética

Es considerada por muchos la tecnología del futuro, una tecnología que podría salvar vidas humanas y permitir la producción de nuevos alimentos. Nace con el descubrimiento del ADN, o bien de la molécula que contiene las informaciones necesarias para «construir» un ser viviente y la comprensión de los mecanismos con los que tales informaciones se transmiten. El código para descifrar esta información fue caracterizado en 1953 abriendo las puertas a la genética y a la posibilidad de modificar el patrimonio genético de los seres vivos. La ingeniería genética demostró por primera vez su utilidad para hacer diagnósticos en 1976 cuando, en la Universidad de San Francisco, se introdujo una técnica capaz de efectuar un diagnóstico precoz de la alfa-talasemia. Desde entonces se han utilizado diferentes sondas de ADN para el diagnóstico de enfermedades genéticas. Junto a la diagnosis, en los años 80, se hace cada vez más plausible el camino de la terapia genética: la curación de las enfermedades genéticas en el ADN. En otros términos: la «sustitución» de los genes con defectos por genes «normales». El pri-

La clonación
Es una de las más recientes y controvertidas conquistas de la ingeniería genética: hacer nacer un animal idéntico a un individuo adulto.

La célula-huevo
Es obtenida de otra oveja.

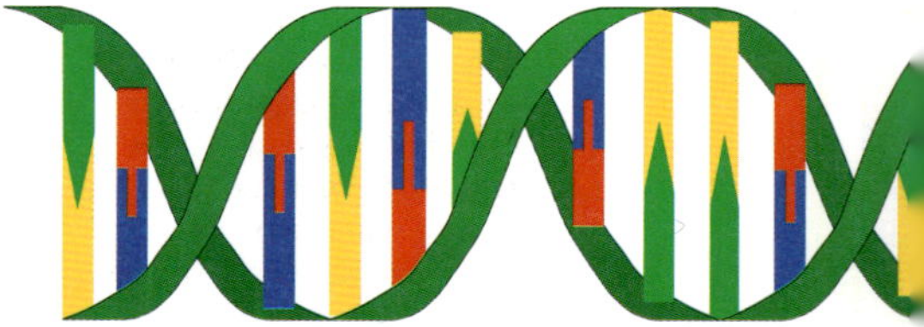

La oveja que se va a clonar
Se extrae una célula.
El patrimonio genético contenido en el núcleo de la célula describe fielmente las características del animal.

En el útero
A la nueva célula-huevo se le hace enraizarse en el útero de una tercera oveja.

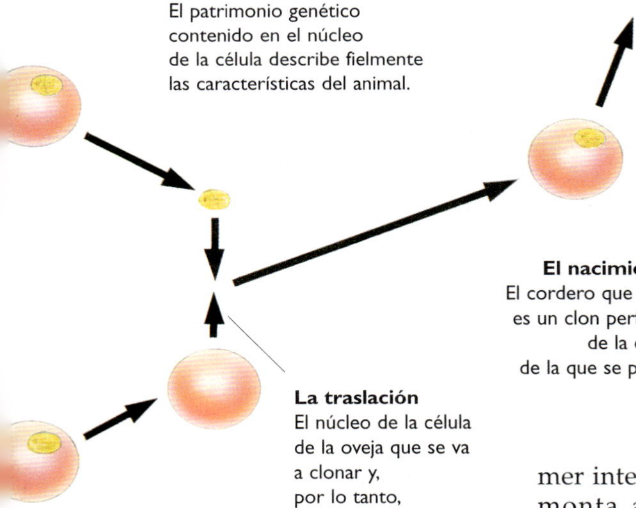

El nacimiento
El cordero que nace es un clon perfecto de la oveja de la que se parte.

La traslación
El núcleo de la célula de la oveja que se va a clonar y, por lo tanto, su patrimonio genético, es transferido a la célula-huevo.

mer intento con un ser humano se remonta a 1990. Los americanos W. French Anderson y Michael Blaese le quitaron glóbulos blancos a una niña enferma y se los reinsertaron en el organismo después de haber introducido un gen que faltaba.
Los experimentos más recientes, por ejemplo la clonación de la oveja Dolly, la cual se llevó a cabo en 1997, han demostrado que los científicos ya saben intervenir sobre el patrimonio genético modificando las características de los seres vivos.

El ADN
El primero en demostrar que se trataba de la molécula de la vida fue el americano Oswald Avery el cual, estudiando las bacterias, constató que toda la información estaba escrita en las largas moléculas del ADN.

Los números en *cursiva* se refieren a temas tratados en los pies de las ilustraciones

Índice analítico